だしの研究

日本名廚高湯研究全書

一窺七大頂級職人的製湯技巧，
科學解析高湯風味原理，
揭開美味升級的祕密

山本晴彥〔日本料理 晴山〕
小泉瑚佑慈〔虎白〕
谷本征治〔多仁本〕
林亮平〔TENOSHIMA（てのしま）〕
木山義朗〔木山〕
大屋友和〔日本料理 翠〕
加藤邦彥〔Ubuka（うぶか）〕
料理科學：川崎寬也〈味の素株式會社食品研究所〈農學博士〉〉
譯者：林香吟

前言

高湯是作為日本料理特徵的一大要素，
光就這一點，便有許多值得探討的地方。
怎樣的高湯才能支持自己製作出理想中的料理呢？
目前的高湯已經是最好的嗎？
為了尋求答案，必然得接觸許多種類的高湯，
並且試著去理解高湯的原理結構。
近年來，日本料理使用了各式各樣的高湯，
其他類別的主廚也自然而然地開始將日式高湯加入料理中，
高湯的地位正逐漸產生變化。
本書的宗旨是為大家傳達多種高湯「現今」的狀況，
同時以科學的角度進行探討研究，以更簡單易懂的方式讓讀者們了解高湯的本質。
理解高湯後，便能更隨心所欲地運用在料理上，表現出屬於自己的味道，
讀者們若能以此活用便是最棒的事。

目錄

7家日本料理名店的74道高湯與料理／異國料理主廚的日式高湯

異國料理主廚的日式高湯

主要的高湯原料（昆布／鰹節／煮干／燒干）

高湯的省思

攝影 海老原俊之
美術設計 中村善郎／yen
編輯 長澤麻美

7家日本料理名店的74道高湯與料理

／異國料理主的日式高湯

料理科學：川崎寛也

日本料理　「晴山」

山本晴彥

高湯是非常重要的存在。一旦高湯有了偏差，所有的料理也會跟著陷入味道失衡的窘境。在日本料理的世界裡，將高湯稱為「心臟般的存在」應該也不為過吧。正因為高湯能最大程度地引出食材本身所蘊含的能量，進而讓人感受到其中美味，於是用心思索如何取得高湯與食材之間的平衡尤為重要。

眾所周知，食材的規格並不會始終保持一致。例如魚類的脂肪多寡、貝類的鮮度強弱等，不時都會有所改變，所以高湯經常必須配合食材進行調整。當然也會因應季節或當天的氣候、氣溫而有所調整。而同時使用到魚貝類、蔬菜、肉類等各種食材組合成的料理套餐，更需要一邊思索如何在整體平衡中讓每樣食材的美味都能脫穎而出，一邊妥善地使用高湯才行。

為了能確實做好這些精細的調整作業，首先必須擁有良好的味覺。認真管理自己的身體健康也是非常重要的一環。

使用真昆布、鮪魚乾和除去魚背上發黑部分的鰹魚乾，所熬製出的一番高湯既是「晴山」的高湯主角，也是本店想透過料理傳達的精華所在。到了夏天，還會有將海鰻與海鰻高湯互相結合的單人小火鍋等，嚴選可代表當季美味的食材來製作高湯，以增添季節感。

山本晴彥

一九七九年生於栃木縣足利市。拜岐阜的名店Takada Hassho（たか田八祥）的高田晴之氏為師，曾在分店Wakamiya Hassho（わかみや 八祥）、Kogane Hassho（こがね八祥）擔任店長。三十一歲自立門戶，在東京港區的三田開了屬於自己的日本料理店「晴山」。擅長在純粹簡單的味道中，不經意地加入細緻的香氣與鮮味，為顧客提供合宜美味的料理套餐。

一番高湯除了使用真昆布外，還會以除去魚背上發黑部分的鰹魚乾和鮪魚乾兩種魚乾片混合熬製。

◎昆布高湯

在前天晚上先用清水浸泡昆布，隔天再進行加熱的動作熬製高湯。除了可用於酒蒸之外，也可作為其他高湯的基底。

材料

昆布（真昆布）……250g
水（軟水）……………8ℓ

1 鍋中放入清水與昆布。

2 在常溫中放置一晚（至少需 7 ～ 8 小時）。

3 開火將 2 的鍋子以 60 ～ 65 ℃加熱約 1 小時。

高湯科學

因昆布含量較多，用冷泡法靜置萃取後，再以 60 ～ 65 ℃的溫度加熱 1 小時，便能最大程度地提取出昆布中的麩胺酸。

◎一番高湯

材料

昆布高湯（參照 p.9）…… 6ℓ

鮪魚乾……………………3 把

鰹魚乾（去除魚背上發黑的部分）…………………1 把

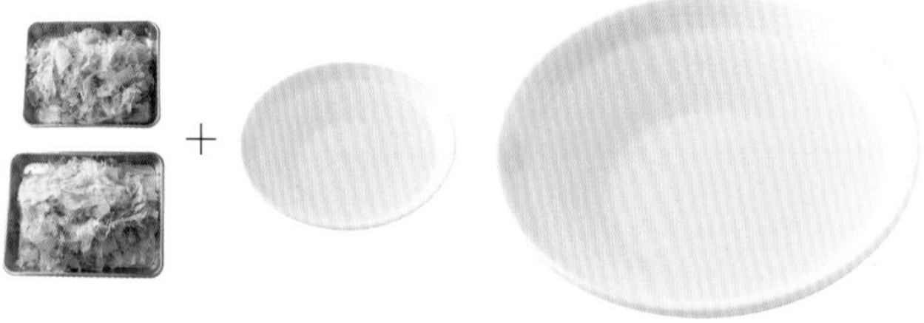

配合顧客的來店時間現刨現做。魚乾片的分量必須依季節、氣溫、溼度、昆布呈現的味道和鹹度等條件調整，當然還得配合椀物＊的配菜湯料而有所改變，每回都得細心調整。

之所以加入兩種魚乾片，也是因為各有不同的風味。鰹魚乾是新鮮的風味，鮪魚乾則帶有沉穩、溫和的味道，然而鰹魚的香氣容易逸散，鮪魚的腥味也不好去除。雖然會依不同的料理做出相應的調整，但基本上還是以鮪魚乾3：鰹魚乾1的比例最為適當。

＊編註：日式料理中，以碗盛裝的料理皆能稱之為椀物（わんもの／wanmono）。

1 開火加熱昆布高湯。待沸騰後，撈去浮沫。

2 加入鮪魚乾。

3 稍微加熱後撈去浮沫，關火。

4 加入鰹魚乾。

5 靜置1～2分鐘，讓魚乾片沉底。

6 用鋪上烘焙紙的濾網慢慢過濾高湯（盡量不要晃動湯汁，就能避免出現雜質）。

高湯科學

將昆布高湯煮沸後，即使帶有一絲海腥味，也會隨著時間慢慢揮發。使用鰹魚乾與鮪魚乾的重點在於肌苷酸的鮮味和梅納反應產生的香氣，還有煙燻製品的氣味。由於梅納反應的香氣與煙燻製品的氣味都很容易揮發，必須配合顧客的時間現刨現做，是以現刨香氣為特色的高湯。

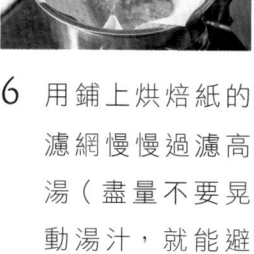

毛蟹真丈*與越瓜椀物

關於椀物的高湯調味，第一口自是不用說，從切開配料的用餐過程，直到最後都必須維持讓顧客盡情享受美味湯汁的口感平衡。

*譯註：真丈，也稱為真薯、真蒸。以蝦、蟹、白身魚肉、雞肉、豬肉等攪碎，加入山藥泥、蛋白、高湯調和後，以蒸煮或炸的方式料理而成。

材料

- 毛蟹……適量
- 白身魚肉漿……適量
- 越瓜……適量
- 八方高湯（在一番高湯中加入少許味醂、淡口醬油、鹽，再追加鰹魚乾煮成的綜合高湯）……適量
- 一番高湯（參照 p.10）……適量
- 鹽、淡口醬油、料酒……各適量
- 日本生薑（薑絲）……適量
- 青柚子……少許

1 將毛蟹放入加鹽的熱水中汆燙，取出蟹肉與白身魚肉漿混合。

2 越瓜以鹽抓揉，切除頭尾兩端，刮除內囊，切成極薄的圓片。迅速過一遍熱水，再泡入淡口八方高湯中。

3 將1捏成適宜的大小後蒸熟，盛入碗中。

4 加熱一番高湯，以鹽、淡口醬油、料酒調味後，蓋過3的食材。將2的越瓜擺放在真丈上，最後灑上薑絲和柚子碎皮。

◎二番高湯

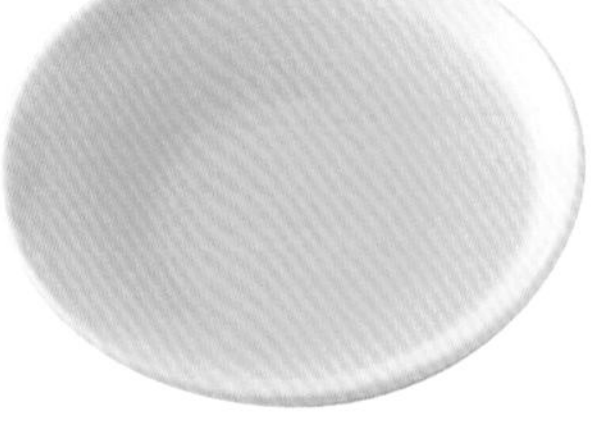

適用於燉菜等需要鮮味但對香氣沒有那麼高要求的料理，或高湯兌酒時使用。

熬製一番高湯時不需沸騰，但二番高湯為了徹底引出湯渣中剩餘的鮮味，會進行加熱步驟，再追加鮪魚乾補足鮮味。

材料

一番高湯的湯渣……………………p.10 的分量
鮪魚乾……………………………1～2 把
水（軟水）…………………………6ℓ

1　將湯渣倒入鍋中，加水並開火。若出現浮沫便撈除。

2　加入鮪魚乾。

3　火候控制在不沸騰的程度，加熱 10～15 分鐘。

4　用鋪了烘焙紙的濾網過濾高湯（鮮味都已釋放，不用再擰壓）。

高湯科學

在熬煮完一番高湯後，經過再次提取的二番高湯加熱到什麼程度，對殘留的味道成分與香氣都會產生影響。「晴山」的一番高湯已加熱提取到某種程度，比起殘留的昆布鮮味，追加的鮪魚乾香氣與鮮味反而更加鮮明。

◎小魚乾高湯（煮干*）

適用於紅味噌湯或麵食的沾醬。小魚乾本身的氣味濃郁，不須要再以高溫熬煮。

*編註：日文中的煮干（Niboshi），即為小魚乾。

材料

小魚乾（日本鯷）……適量
昆布（真昆布）……適量
水（軟水）……適量

1 小魚乾摘除頭部與腹肚內的內臟，與昆布一起下鍋，加水浸泡半天後，開大火熬煮，到達80 ℃時即可關火。

2 用鋪了烘焙紙的濾網過濾高湯。

關火後直接放涼，會使湯頭更加濃醇。若不想味道變得太厚重，最好在關火後立刻過濾。

高湯科學

小魚乾的鮮味成分是肌苷酸，昆布的鮮味成分麩胺酸，兩者在相乘的作用下，使鮮味更加濃郁。小魚乾不同於鰹魚乾，因為沒有經過脫脂處理，在保存上必須特別注意，別讓脂質氧化。熬煮高湯時，若不小心加熱過頭也會造成脂質氧化，在溫度上須多加注意。

◎甘鯛（馬頭魚）高湯

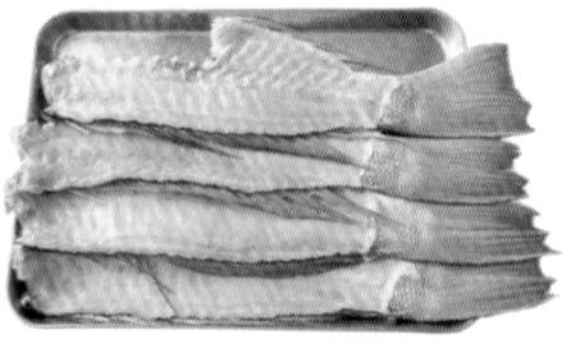

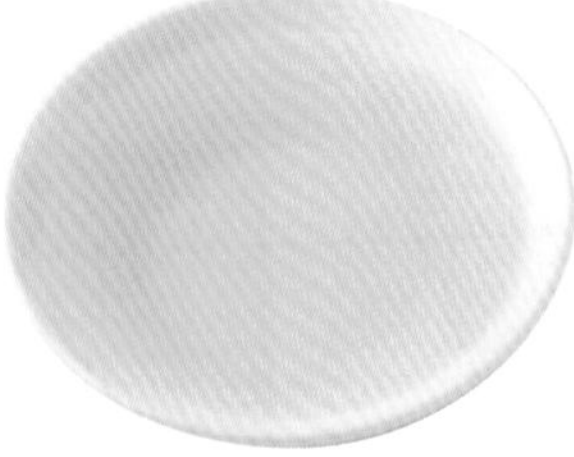

雖然也有用開水燙中骨的處理法，但為了能在煮麵時增添食物的香氣，這裡採用的是炙烤魚骨的方式。炙烤不僅能讓食材增添誘人食慾的風味，同時也兼具除臭效果。但若是烤得太焦，高湯就會染上焦糊味，這點要特別注意。

最後加上鮪魚乾，讓柔和的鮮味再升級。因鰹魚乾的氣味過於濃重，會蓋過甘鯛馬頭魚原本的香氣，所以此處並不適用。以海鰻或鯛魚所熬製的高湯也同是如此。

材料

昆布高湯（見 p.9）…………5ℓ
甘鯛中骨………3 尾
鹽、料酒……各適量
鮪魚乾…………1 把

高湯科學

炙烤過的焦香是梅納反應後的香氣，不同於烤焦的臭味。理解這一點後，最好能在烤魚時邊確認外觀和氣味，邊注意火候。甘鯛和海鰻這類富含胺基酸的魚類，最適合以炙烤中骨的方式熬製高湯。

1 將甘鯛中骨抹鹽，放在烤架上炙烤。甘鯛的骨頭易碎，須特別注意。

2 正反兩面都烤得恰到好處後，便可從烤架上移開。

3 昆布高湯倒入鍋中後開火，放入 2 的中骨，加入料酒。

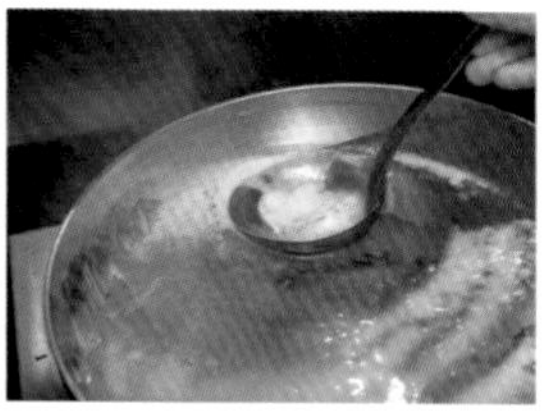

4 撈除浮沫，加熱約 15 分鐘。

5 加入鮪魚乾（攪拌會使高湯變渾濁，盡量不要觸碰）。

6 用鋪了烘焙紙的濾網過濾高湯。

甘鯛煮麵

煮麵使用的高湯最好能比一番高湯的鮮味再醇厚一點。如果製作的是甘鯛與松茸的椀物，就很適合用一番高湯。

材料

- 甘鯛（切塊）……適量
- 麵條……適量
- 甘鯛高湯（參照 p.14）……適量
- 鹽、料酒、淡口醬油……各適量
- 酢橘（切片）……少許

1 甘鯛抹鹽，用竹籤串起，以炭火炙烤。

2 煮開麵條後，立刻以流動的清水沖洗冰鎮，瀝乾水分。和1一起盛入碗中。

3 加熱甘鯛高湯後，以鹽、料酒、淡口醬油調味，覆蓋過2的食材。最後擺上酢橘裝飾。

◎鮑魚高湯

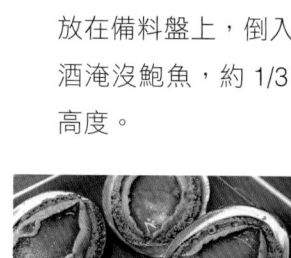

這道是用鮑魚搭配料酒，以清蒸方式製作的高湯。若加入昆布高湯一起蒸煮，雖然能一舉得到大量的高湯，但鮑魚本身的味道也會因此變得寡淡，無法再作為食材使用，想維持其平衡極不容易。會直接帶殼蒸熟，是因為從殼中帶出的鮮味也是高湯的要素之一，蒸製的時間也必須控制在鮑魚本身的鮮味還未逸散之前。

出鍋後的高湯會依照料理的需求，搭配昆布高湯等進行調整。

材料

鮑魚……………… 適量

料酒……………… 適量

高湯科學

鮑魚含有豐富的麩胺酸，而附帶甜味的胺基酸同樣是這道食材的一大特徵。鮑魚的香氣也是相當重要的一環，要注意別加熱過頭使香氣逸散了。

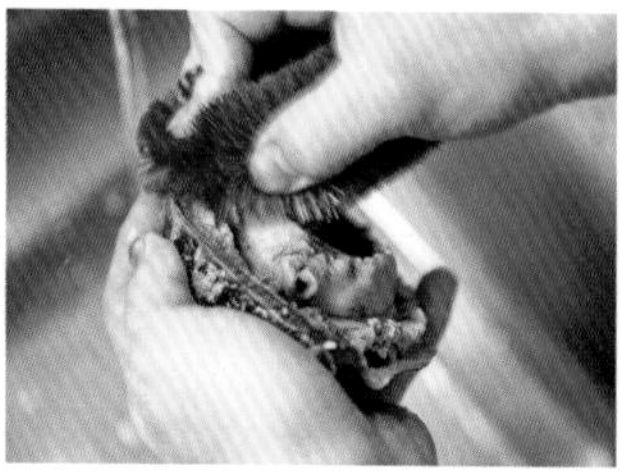

1 將鮑魚放在流動的清水下，用刷具仔細清洗。

2 將清洗乾淨的鮑魚並排放在備料盤上，倒入料酒淹沒鮑魚，約 1/3 的高度。

3 用保鮮膜密封。

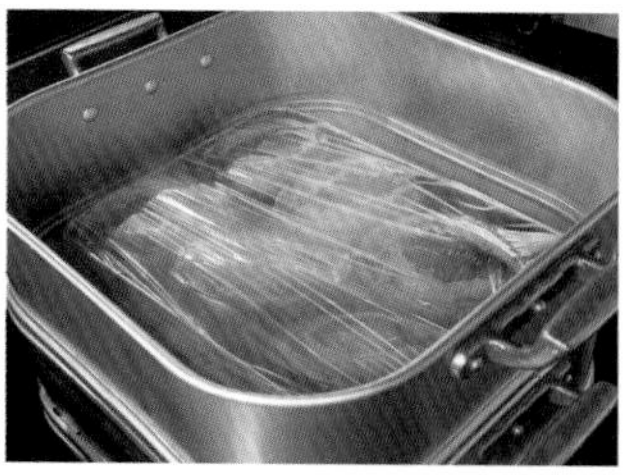

4 放入預熱好的蒸鍋中，約蒸 4 小時（依鮑魚的大小而定）。

5 蒸製完成。

6 用鋪上烘焙紙的濾網過濾高湯。

蒸鮑魚佐秋葵山藥泥

以鮑魚高湯搭配山藥和切碎的秋葵，勾芡而成的料理。

材料

鮑魚高湯（參照 p.16）………… 適量
蒸鮑魚（p.16 用於熬煮高湯的鮑魚）………… 適量
山藥………… 適量
秋葵（以鹽水汆燙後切碎）…… 適量
鹽………… 適量
紫蘇花穗………… 少許

1 山藥磨成泥，加入鮑魚高湯、鹽、切碎的秋葵，攪拌混合。

2 蒸熟的鮑魚切成一口大小後盛盤，淋上1，擺上紫蘇花穗點綴即可。

◎干貝高湯

如果只用水將乾干貝浸泡回原本的大小，也沒辦法煮出美味的高湯，必須以昆布或鰹魚高湯浸泡，才能成為鮮美的湯頭。不只是干貝，所有乾貨提取味道的方式各有不同，務必要親自嚐過味道，以一番高湯或鹽調整後再使用。

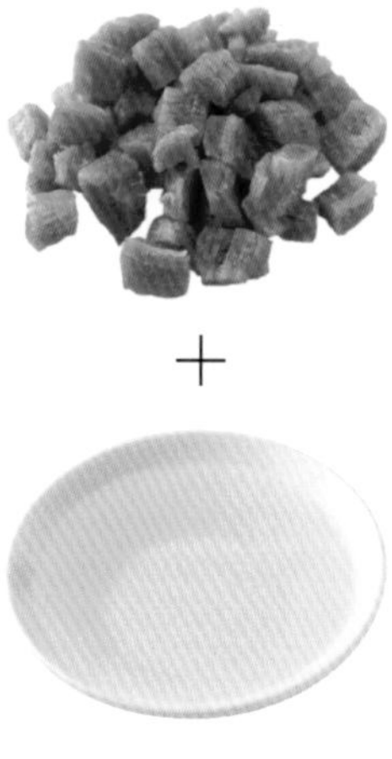

材料

乾干貝……………適量
一番高湯（參照 p.10）
……………………適量

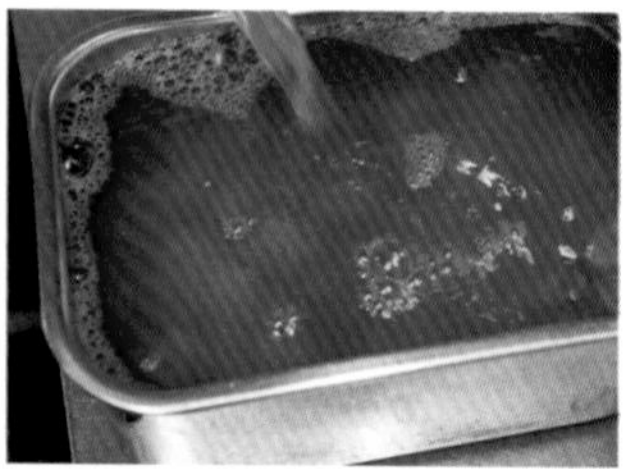

1　乾干貝放進容器中，倒入大量的一番高湯，以保鮮膜密封，浸泡約半天時間，使味道融合。

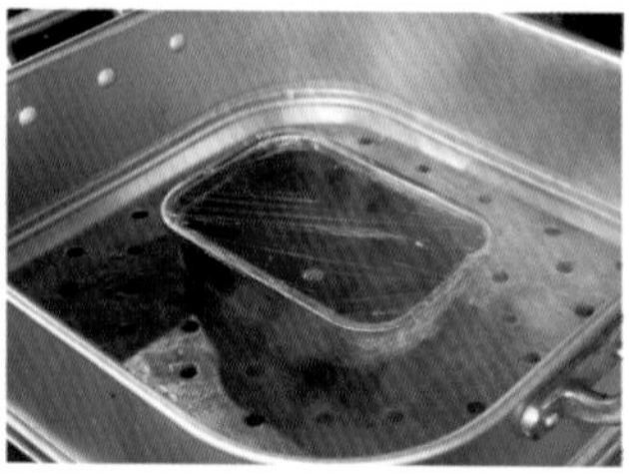

2　將干貝放入預熱好的蒸鍋，蒸 2 ～ 3 小時。

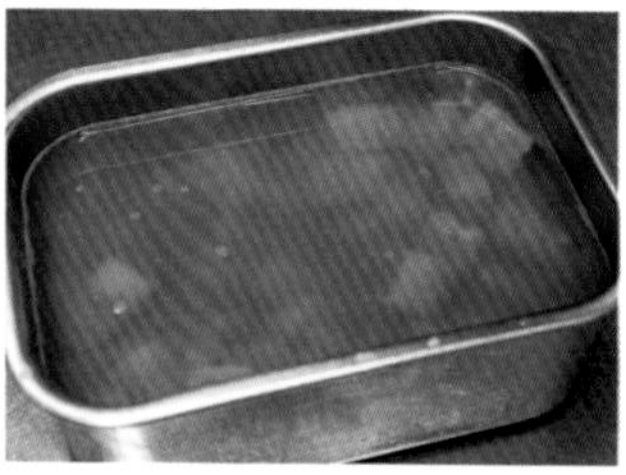

3　蒸製完成。

4　用鋪上烘焙紙的濾網過濾高湯。

高湯科學

除了麩胺酸和單磷酸鳥苷外，乾干貝還含有琥珀酸。琥珀酸雖然無法和麩胺酸的鮮味產生相乘效果，但其獨特的鮮味搭配一番高湯也能帶來絕妙的風味。

翡翠茄子與海膽

以干貝高湯為基底，加入一番高湯進行料理。

材料

- 茄子……適量
- 干貝高湯（參照 p.18）……適量
- 一番高湯（參照 p.10）……適量
- 鹽……適量
- 生海膽……適量
- 青柚子……少許
- 油炸用油……適量

1 將茄子縱向劃切幾刀，以熱油油炸後，放入冷水中冰鎮去皮。

2 在干貝高湯中加入一番高湯和鹽調整味道濃淡，先將1的茄子放入浸泡30分鐘後，再醃漬4～5小時。

3 將2的茄子切成好入口的大小盛盤，倒入浸泡過茄子的高湯淹沒過食材。以少許鹽巴調味再擺上生海膽，最後灑上磨碎的青柚子碎皮。

◎河蜆高湯

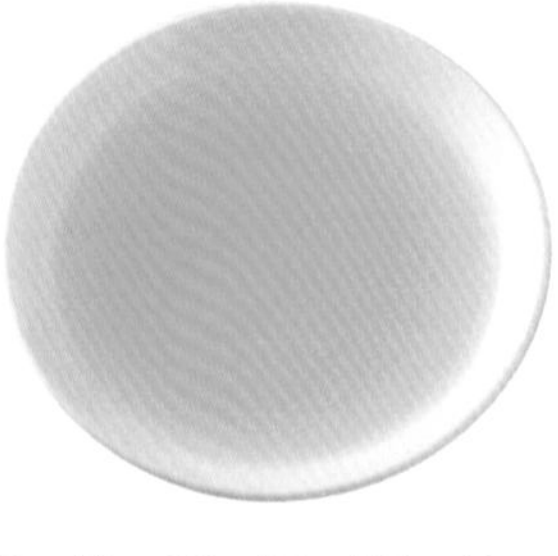

河蜆是貝類中鮮味最為濃郁的一種。尤其是宍道湖的河蜆特別大顆，能熬製出非常鮮美的高湯。河蜆最美味的季節分別是夏天與冬天。除了可用於紅味噌湯外，也經常作為寒冬時節呈現給客人的第一道開胃清湯。

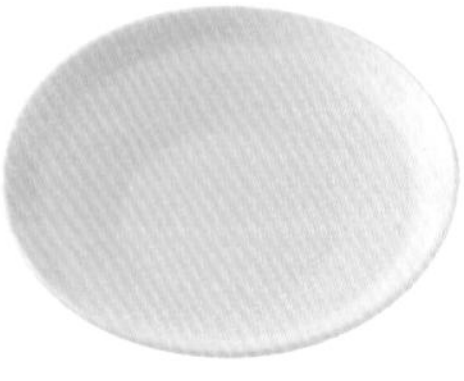

材料

河蜆（宍道湖產，已吐沙） 2kg
昆布高湯（參照 p.9）……3ℓ
料酒……500mℓ
鹽……適量

1 河蜆放入鍋中，加入昆布高湯、料酒、鹽，開大火熬煮。

＊撈除浮沫後立刻關火，就會是一道鮮美爽口的高級湯品。製作潮汁（用海鮮魚貝類加入天然粗鹽煮出來的湯汁）也是在這一步關火，只需用料酒和鹽調味即可。這次是要將煮熟的蔬菜浸泡在高湯中，讓高湯的鮮味徹底釋放，才會在轉小火後再稍加熬煮。

2 沸騰後撈除浮沫，轉小火再稍微熬煮一會兒（河蜆的鮮味已融於高湯中，河蜆肉本身已無滋味，不會再作為料理使用）。

＊每顆河蜆夾帶的鹽分不盡相同，鹽可適量減少。
＊熬煮完成後，不過濾直接靜置 4 ～ 5 小時至半天，可使鮮味更加醇厚。

3 用鋪上烘焙紙的濾網過濾高湯。

高湯科學

河蜆的鮮味成分來自琥珀酸，雖然無法與麩胺酸的鮮味產生相乘效果，但與昆布高湯混合使用，可增強其鮮味。

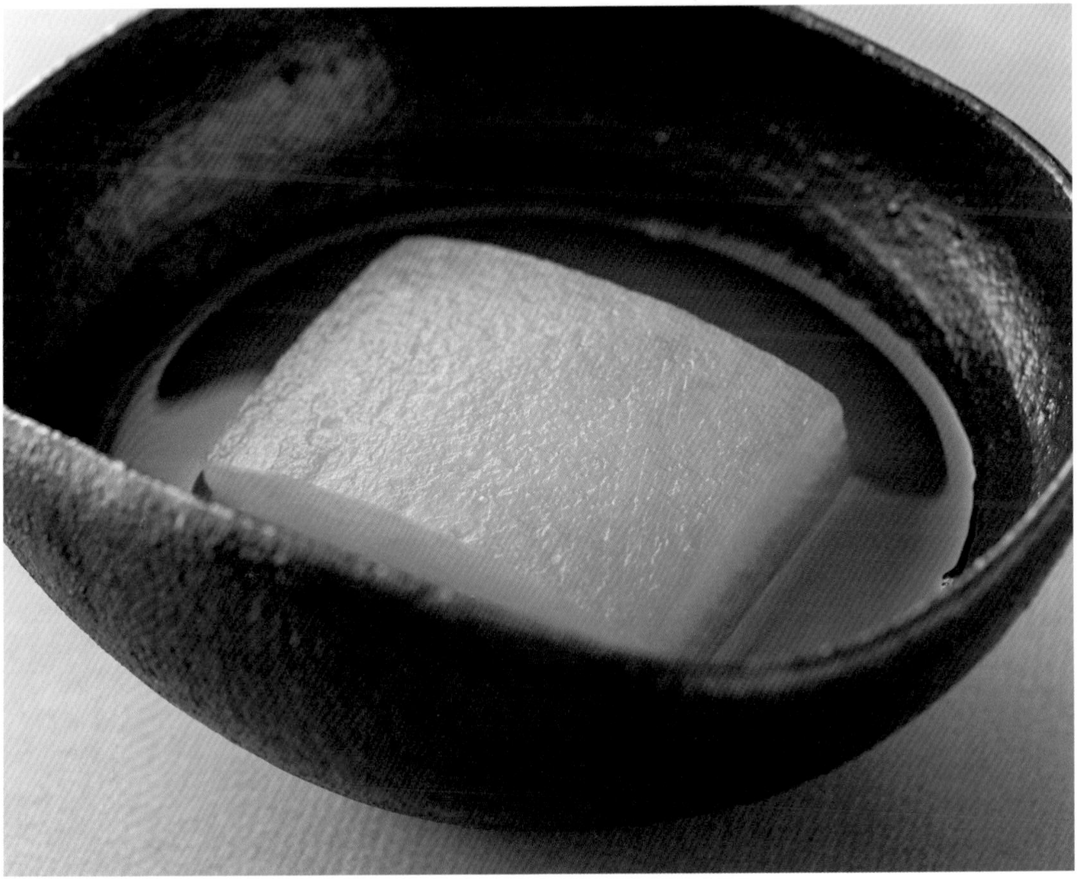

河蜆高湯燉冬瓜

像是將河蜆的鮮味固體化後，吃進口中的感覺。

材料

冬瓜……………… 適量
河蜆高湯（參照 p.20）
………………… 適量
鹽、料酒、生薑汁、
味醂 ………… 各適量

1 冬瓜去除籽，切成適當大小，削去外皮後在皮孔處斜劃幾刀，讓鹽與明礬滲入其中。靜置一會兒，待食材顯色後，再下鍋汆燙。

2 加熱河蜆高湯，加入鹽、料酒、生薑汁和少許味醂，倒入1的冬瓜燉煮約30分鐘。再連同鍋子一起浸泡在冰水中，使之急速冷卻。

3 要上桌前再次加熱，取出冬瓜盛盤，澆上湯汁淹沒食材。

◎伊勢龍蝦高湯

用開水汆燙過的蝦頭與蝦殼，搭配昆布高湯一起熬煮，再加入鮪魚乾增添鮮味。製作料理時，也可以混合蔬菜高湯一起使用。

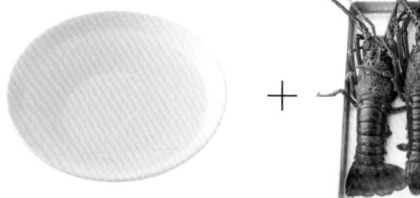

材料

- 伊勢龍蝦（三重縣產）…3 隻
- 昆布高湯（參照 p.9）…適量
- 料酒……………………………適量
- 鹽………………………………適量
- 鮪魚乾…………………………適量

1 將新鮮的伊勢龍蝦放入熱水中汆燙，再以冰水冷卻。

2 將蝦頭與腹部分開，取出腹部的蝦肉（蝦肉會用於料理中）。蝦頭對半切開。

3 將 2 的蝦殼與蝦頭放入鍋中，倒入昆布高湯蓋過食材，再放鹽與料酒開火熬煮。

4 沸騰後撈除浮沫。

5 以擀麵棍輕輕搗碎蝦殼。撈除浮沫的同時，繼續熬煮 20 ～ 30 分鐘。

6 加入鮪魚乾，關火。

7 待鮪魚乾沉入鍋底後，用鋪上烘焙紙的濾網過濾高湯。

高湯科學

甲殼類的胺基酸含量甚多，加入麩胺酸能使甜味更加鮮明。蝦類搭配昆布熬製而成的高湯，在甜味與鮮味上都會更上一層樓。

伊勢龍蝦茶碗蒸

用伊勢龍蝦高湯和雞蛋，烹調出鮮味滿滿的茶碗蒸。

材料

雞蛋……適量
伊勢龍蝦高湯（參照 p.22）適量
鹽、淡口醬油、味醂……各適量
伊勢龍蝦肉（參照 p.22 的作法 2）……適量
葛粉……適量
鱉甲醬汁（混合 p.10 的一番高湯與濃口醬油、味醂煮沸後，加入葛粉水勾芡）……適量
鴨兒芹（用水煮過的莖部）少許

1 以打散拌勻的蛋液1：伊勢龍蝦高湯5的比例攪拌均勻，加入鹽、淡口醬油、少許味醂調味，再用篩網過濾。
2 將1倒入容器中蒸熟。
3 伊勢龍蝦肉切成適當的大小，灑上少許鹽調味，再均勻地裹上葛粉，放入滾水中稍做汆燙，再與伊勢龍蝦高湯一起煨煮數分鐘。
4 將3擺放在蒸製完成的2上，澆淋鱉甲醬汁，最後以鴨兒芹的莖部裝飾點綴。

◎雞湯

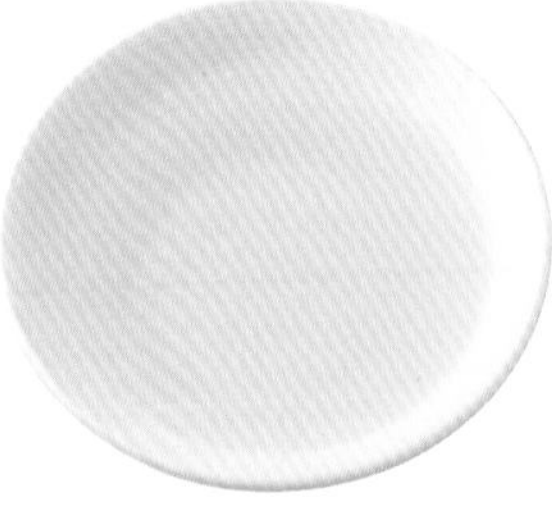

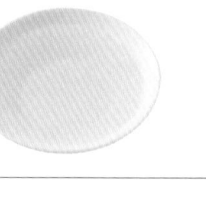

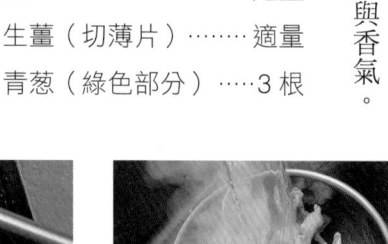

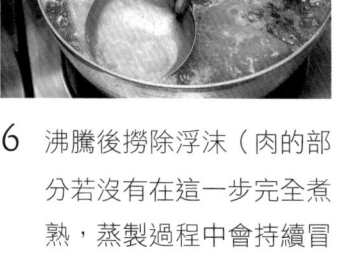

這裡使用的是前幾天剛宰殺的鬥雞雞骨架。若能用上好的雞骨架，在準備階段只需抹鹽再以滾水汆燙，即可煮出一鍋幾乎沒有雜味的清澈高湯。熬煮過程中也不會出現太多浮沫。最後加入鮪魚乾，增添鮮味與香氣。

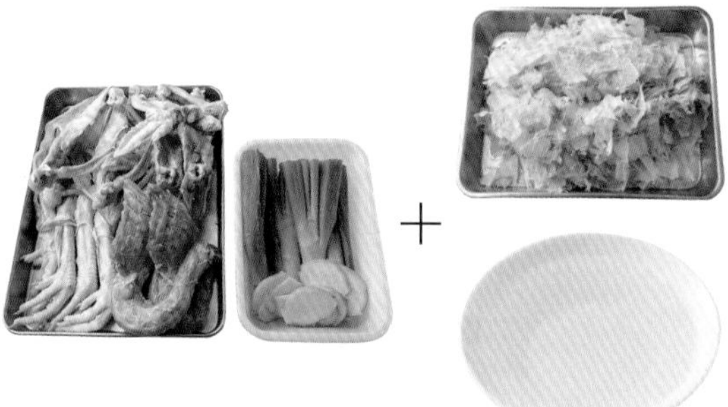

材料

昆布高湯（p.9）……6ℓ	雞（鬥雞＊）骨架（含足部）……2隻
料酒……200mℓ	鹽……適量
鮪魚乾……1把	生薑（切薄片）……適量
	青蔥（綠色部分）……3根

＊雞骨架選用伊豆天城的鬥雞雞骨架。購買的是前一天剛宰殺的鬥雞。

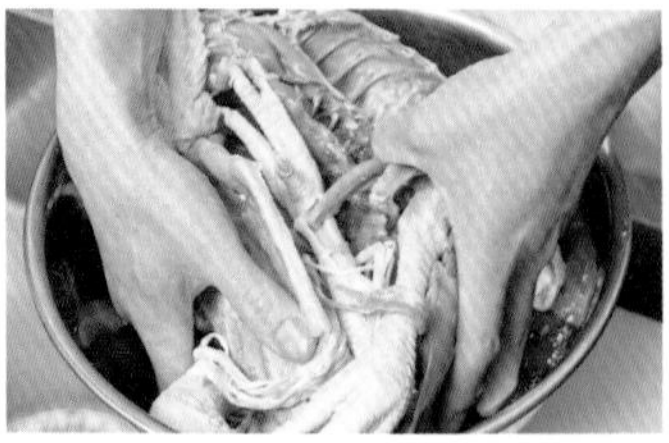

1 用鹽塗抹雞骨架，靜置10～15分鐘。

2 淋上滾水汆燙。

3 放在流動的清水下沖洗，去除發黑的部分（脂肪則不用理會）。

4 雞骨架放入鍋中，倒入放涼的昆布高湯（使用溫熱的高湯容易產生浮沫）。

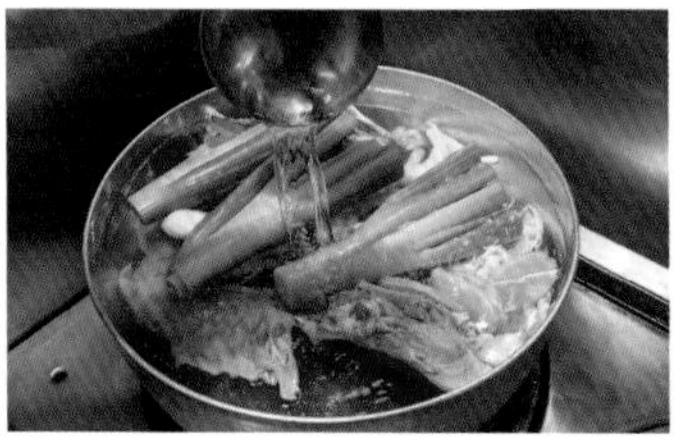

5 加入青蔥、生薑、料酒，開火熬煮。

6 沸騰後撈除浮沫（肉的部分若沒有在這一步完全煮熟，蒸製過程中會持續冒出浮沫使高湯變得渾濁，但煮過熟也容易出現雜味，須多加注意）。

7 撈除浮沫後，湯汁就變得非常清澈了。

8 用保鮮膜將鍋子密封。

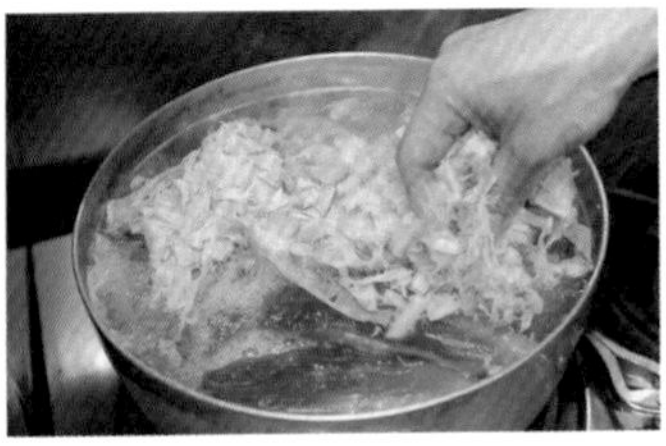

11 加入鮪魚乾稍微加熱後，再以鋪上烘焙紙的濾網過濾高湯。

10 再次開火，去除油脂。

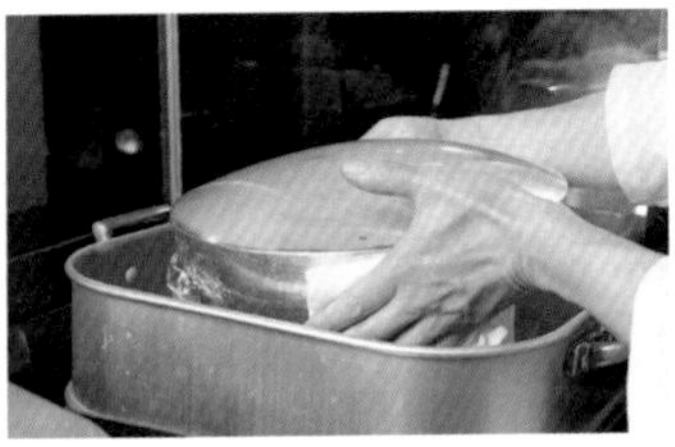

9 放入蒸鍋蒸 3 ～ 4 小時。

高湯科學

雞骨架產生的浮沫來自肉質中的肌紅素──也就是含鐵蛋白質裹著脂肪，浮在高湯表面形成的脂質氧化物，同時這也是造成腥臭味的來源。且鐵質原本就會促進脂質氧化。若液體能產生某種程度的對流，浮沫浮上表面就能更輕鬆地去除，但因蒸製的高湯無法產生對流，所以事前就必須仔細撈除浮沫。

鬥雞佐蓴菜

以炭火炙烤出鬥雞肉的香氣，搭配鮮味滿滿的雞湯，襯托出蓴菜清爽滑嫩的口感。↓208頁

◎乾香菇高湯

搭配昆布高湯使用。因為味道獨特且香氣濃郁，並不會單獨使用，而是以少量為料理風味帶來畫龍點睛的功效。

材料

乾香菇……………適量
水（軟水）………適量

1　乾香菇浸泡在清水中，靜置一晚。

2　用鋪上烘焙紙的濾網過濾高湯。

高湯科學

乾香菇中含有名為單磷酸鳥苷的鮮味成分，與昆布的鮮味成分麩胺酸同時品嚐的話，能引發相乘效果，使鮮味更加清晰強烈。乾香菇的單磷酸鳥苷來自菇傘下緣的酵素合成，浸泡時務必將菇傘部分朝下，才能讓酵素更好發揮作用。

鮭魚卵香菇炊飯

鮭魚卵和香菇是絕佳的搭配組合，製作出簡單又美味的炊飯料理。

材料

米……………………………………適量
乾香菇高湯（見上述）……1（比例）
昆布高湯（參照 p.9）……1（比例）
鹽、淡口醬油、料酒、味醂…各適量
醬漬鮭魚卵（用 p.10 的一番高湯與濃口醬油、料酒、味醂調製而成的高湯醬油醃漬出的鮭魚卵）……適量
青柚子…少許

1　乾香菇高湯和昆布高湯以 1：1 的比例混合，加入鹽、淡口醬油、料酒、少許味醂調製成湯底後，便可開始蒸飯。

2　將 1 盛盤，鋪上醬漬鮭魚卵，最後灑上磨碎的青柚子碎皮。

◎蔬菜高湯

如果單獨使用蔬菜高湯，鮮味會稍嫌不足，可搭配鰹魚高湯來增添風味。不過如果想要多一點不同的鮮味和甜味，或是想熬製一鍋能讓唇齒留香的高湯時，就得借助蔬菜的力量。菠菜和日本水菜這類的綠葉蔬菜，還有牛蒡等會愈煮愈苦的蔬菜都不適合用來熬製高湯，而胡蘿蔔若加得太多，其獨特的香氣和甜味會過於突出，需少量添加。

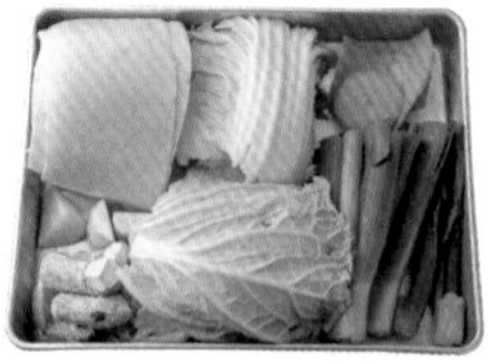

＋

材料

蔬菜的邊角料（蘿蔔皮、大白菜的邊角菜葉、胡蘿蔔皮、蔥綠、香菇的柄）…………適量
昆布高湯（參照 p.9）……適量

1 將蔬菜的邊角料和昆布高湯一起放入鍋中，開火熬煮。

2 撈除浮沫，繼續熬煮約20分鐘。

3 用鋪上烘焙紙的濾網過濾高湯。

＊因一開始就設想好要和鰹魚高湯搭配使用，所以就不需要再追加鰹魚乾。

高湯科學

蔬菜中雖然含有一定程度的麩胺酸，但其含量不如昆布多，所以不用刻意挑選含量較高的食材，而是選擇香氣與甜味突出的種類，像是蘿蔔、大白菜、青蔥等都含有硫黃化合物，能為高湯帶來清甜香氣。或是可選擇適合搭配鰹魚乾風味的蔬菜種類。

「虎白」

小泉瑚佑慈

小泉瑚佑慈

一九七九年生於神奈川縣。拜東京・八重州的割烹店＊料理長——石川秀樹主廚為師。二〇〇三年，石川主廚開設了「神樂坂　石川（神　坂石かわ）」，他也在開業初期給予協助，現在則是服務於二〇〇八年開業的「虎白」。在不動搖日本料理核心的前題下，對魚子醬、松露等外來食材也同樣運用自如，將嶄新的技法與烹飪方式融會貫通地加入自己的風格中，烹製出只在這裡才能品嚐到的獨特料理。

除了幾道能讓顧客倍感期待的料理外，本店並沒有所謂的招牌菜。該怎麼做才能讓食材的美味得以發揮？不是靠一般的處理方式，而是採用過去從未有過的全新技法，帶來截然不同的呈現呢？我總是一邊思考著這些問題一邊烹調料理。正因如此，作為料理基底的高湯尤為重要。本店料理所使用的高湯皆是以昆布與鰹魚為基礎，這一點從未動搖。

用昆布與鰹魚熬煮出的高湯分為兩種。一是作為清湯用的湯頭，熬製時需特別注意不讓鰹魚多餘的雜味滲入，是道非常清澈的高湯。另一種算是介於一番高湯和二番高湯之間，暫且將其命名為一・五番高湯，這道高湯則會充分提取出鰹魚的鮮味與香氣。

套餐自有一套味覺轉換的流程，高湯當然也得隨之變動。上述的兩種高湯雖說是店內料理的基底，但偶爾也會配合食材選用甲殼類或肉鴨熬煮的高湯，為料理增添變化。

高湯始終是食材與料理之間的平衡關鍵。針對不同食材的特性，烹調出理想中的料理，而高湯也要換成相對應的熬煮方式才行，除此之外，還得考慮要擺在套餐的哪一道料理中才合適。燉菜作為套餐的最後一道料理，本店會在冬季時推出僅烤過外皮的切片綠頭鴨和蔬菜，搭配加了點淡口醬油的一・五番高湯，將這道鴨肉燉菜煮至外酥內嫩。

這道理料若使用鴨骨熬製的高湯，整體味道會顯得太過厚重。肉厚脂肥的雞鴨等食材作為套餐的最後一道料理，吃起來會讓人感到負擔，換成以鰹魚高湯煨煮的燉菜反而恰到好處。

＊譯註：割烹是指高級日本料理餐廳，主廚會以客人的喜好量身製作料理。

◎昆布高湯

使用真昆布熬煮。真昆布的鮮味濃郁，想要清爽一點的話，可適當減少昆布用量，再縮短加熱時間即可，在調整上十分方便。若是使用利尻昆布，雖然能熬煮出口感清爽的高湯，但總有種餘味不足的感覺。

材料

昆布（真昆布）… 12g

水 ……………800mℓ

1　昆布和水一同放入鍋中，開火，慢慢提升溫度，注意火候（60℃）不要煮至沸騰，加熱40分鐘左右。

2　熬煮出昆布的鮮味與香氣後，先取出鍋裡的昆布，開大火至將要沸騰的程度，撈除浮沫。

炙烤伊勢龍蝦
昆布湯凍　鹽昆布　紫蘇花穗

伊勢龍蝦只需稍微烤一下，就能引出蝦肉中的甜味。比起八方高湯製成的湯凍，昆布湯凍更適合用來襯托烤龍蝦的香氣與風味。

製作湯凍時，使用的是多加了一點昆布，味道更為濃郁的高湯。

材料（4人份）

昆布湯凍
- 昆布高湯
  - 昆布（真昆布）… 40g
  - 水 ……………1500mℓ
- 鹽……………………… 3g
- 吉利丁片 …………… 10g

伊勢龍蝦……350g×2隻

高湯醬油（一．五番高湯〈參照 p.34〉和濃口醬油以同比例混合）………適量

鹽昆布（昆布絲）…少許

紫蘇花穗………………適量

1　昆布湯凍：依上述作法，混合昆布和水，熬煮出昆布高湯。

2　在加熱過的昆布高湯中加入鹽，放入融化好的吉利丁，靜置冷卻後放入冰箱冷藏。結成凍狀後再攪散開來。

3　伊勢龍蝦從殼中挑出龍蝦肉，用竹籤串起，在表面輕輕抹上一層高湯醬油後上架烤熟，切成好入口的大小。

4　將3盛盤，淋上2的昆布湯凍，最後灑鹽昆布與紫蘇花穗。

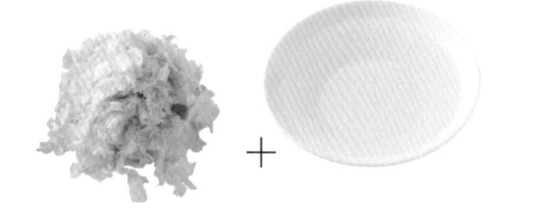

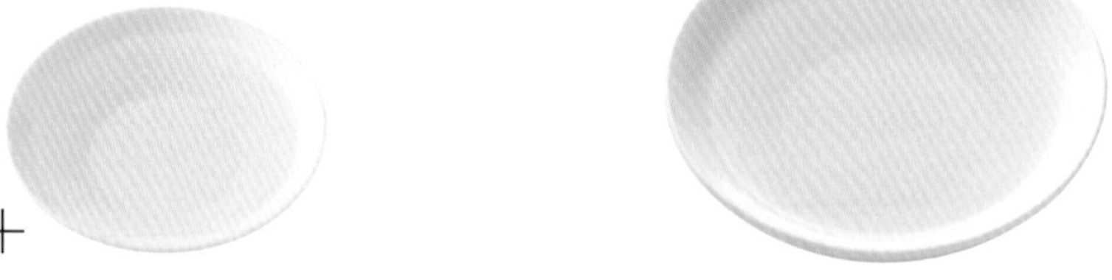

◎清湯用高湯

這是一道沒有鰹魚雜味的清澈高湯。使用的昆布高湯會比34頁的一・五高湯更輕淡些許。昆布和鰹魚的風味濃淡也會依季節和椀物的配料有所調整。

材料

昆布高湯

- 昆布（真昆布）…………10g
- 水…………1000mℓ

鰹魚乾（去除魚背上發黑的部分）……20g

1 依照 p.30 的作法，製作昆布高湯。

2 撈除浮沫後，將昆布高湯從爐火上移開，放入鰹魚乾。

3 讓高湯維持 70 ～ 80℃靜置約一分半鐘，待鰹魚乾散發出香氣並沉底後，再用隔著烘焙紙的濾網過濾高湯。

松葉蟹真丈　蕪菁

真丈作為日本料理的招牌菜，本店也試著創作出更適合自己的風格，在不斷嘗試後，總算研發出專屬作法。

材料（4 人份）

松葉蟹真丈

- 松葉蟹（鹽水汆燙後取出蟹肉）……120g
- 松葉蟹膏（鹽水汆燙後取蟹膏）……少許
- 白身魚肉…………40g
- 蛋黃醬＊…………25g

蕪菁…………4 根

八方高湯（參照 p.35 的「涼拌水菜」）…………適量

清湯用高湯（參照上述）…………適量

鹽、淡口醬油…………各少許

＊蛋黃醬：蛋黃一顆，將 120g 的沙拉油少量多次分批慢慢加入，並用打泡器攪拌混合。

1 製作松葉蟹真丈。將蛋黃醬、白身魚肉、松葉蟹膏仔細攪拌混合，最後加入蟹肉，分取出一人份40克的大小。

2 燙熟蕪菁，冰鎮後瀝乾水分，浸泡在冷卻的八方高湯中。

3 將1的真丈放入蒸鍋蒸七分鐘，裝盤後放上2的蕪菁。高湯裡加入少許鹽和淡口醬油調味後，淋澆在真丈上。

虎白

◎一・五番高湯

本店以昆布和鰹魚熬製的高湯分為兩種：一種是如同32頁，用去除魚背上發黑部分的鰹魚乾熬製的清湯專用高湯，另一種則是使用含魚背上發黑部分的鰹魚乾熬製的高湯。其實一開始我就是抱著想讓椀物之外的料理也能使用美味高湯的想法，才特意研發出這道一・五番高湯。同樣是利用昆布和鰹魚乾，但採取的是融合了普通一番高湯和二番高湯的製作方式，能徹底釋放出鰹魚的鮮味與香氣。

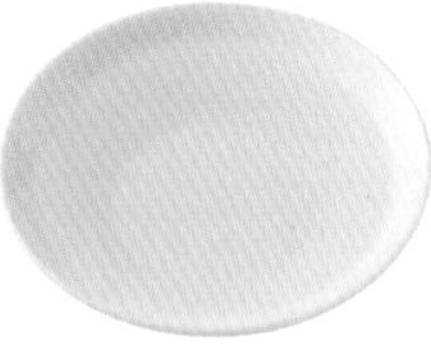

＋

材料

昆布高湯
- 昆布（真昆布）⋯⋯12g
- 水⋯⋯⋯⋯⋯⋯⋯800mℓ

鰹魚乾（含魚背上發黑的部分）⋯⋯⋯⋯⋯⋯18g

1 依照 p.30 的作法，製作昆布高湯。

2 撈除浮沫後，將鰹魚乾放入昆布高湯中。

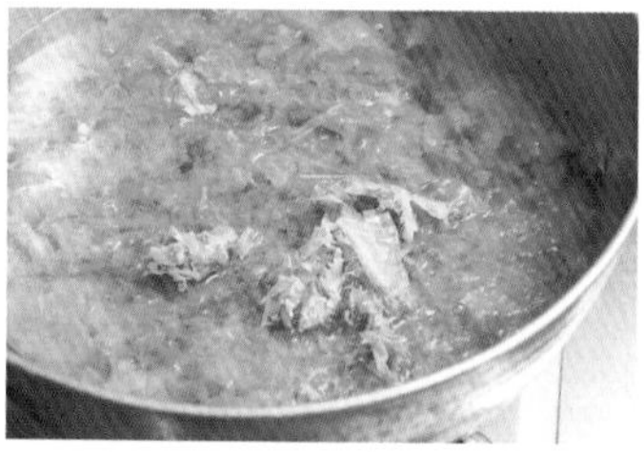

3 小火加熱 20～30 分鐘左右（依料理調整時間），讓高湯產生對流後，火候控制在冒泡但不要煮沸的程度。

4 等散發出鰹魚的香氣後，再用鋪上烘焙紙的濾網過濾高湯。

涼拌水菜

把燙熟的蔬菜浸泡在加了淡口醬油和味醂調製而成的八方高湯中，這是一道作法十分簡單的涼拌菜。需依不同的蔬菜種類改變味道濃淡。例如芋梗之類水分較多的食材，湯汁的味道就要調得重些，並重複醃漬兩次。

材料（4人份）

水菜……………… 1把

八方高湯

- 五番高湯（p.34）…………500mℓ
- 淡口醬油 …… 25mℓ
- 味醂 ………… 10mℓ

※稍加攪拌後加熱，靜置冷卻。

柚子皮…少許

1 水菜燙熟放入冰水中冷卻，瀝乾水分後浸泡在冷卻的八方高湯中。等醃漬入味後切成4公分的長度。

2 將1的水菜盛盤，從上方淋下放涼的八方高湯，再以磨碎的柚子皮裝飾點綴。

＊醃漬水菜時，可以把包在烘焙紙裡的鰹魚乾一同放入，以增添香氣。

◎煉蝦高湯

甲殼類的食材都是先將外殼或烤或炒後，再進行高湯的熬煮作業。這裡是要用在加了白味噌的料理中，希望能帶來更具層次的風味，所以選擇了先煎炒後熬煮的處理方式。

材料

明蝦的頭部與外殼……4隻
大蒜（切碎）……3g
生薑（切碎）……3g
一・五番高湯（參照p.34）……600mℓ
沙拉油……適量

1 鍋中倒入油，放入大蒜與生薑炒出香氣後，再加入明蝦的頭部與外殼一起炒出更濃郁的香氣。

2 在1中倒入一・五番高湯煮開，仔細撈除浮沫後，再以小火繼續煨煮10分鐘。

3 用隔著烘焙紙的濾網過濾高湯。

炙烤明蝦　烤茄子
白味噌　芽蔥　七味粉

搭配與甲殼類十分契合的白味噌一起食用。

材料（4人份）

明蝦白味噌高湯
- 煉蝦高湯（參照上述）……400mℓ
- 白味噌……30g

明蝦……4隻
茄子……2根
芽蔥……適量
七味唐辛子……適量

1 鍋中加入明蝦高湯與白味噌，熬煮出明蝦白味噌高湯。

2 拔下生蝦的頭部、去殼，蝦子開背後以扁平的竹籤串起炙烤（頭部與蝦殼用來熬煮高湯）。

3 茄子直接以直火烤熟後剝去外皮，切成各30克的大小。

4 把3的烤茄子趁熱盛盤，再把2炙烤過的明蝦對半切開，疊放在茄子上，淋上溫熱的1高湯，再放上一把芽蔥，最後灑上七味唐辛子。

虎白

◎鮑魚高湯

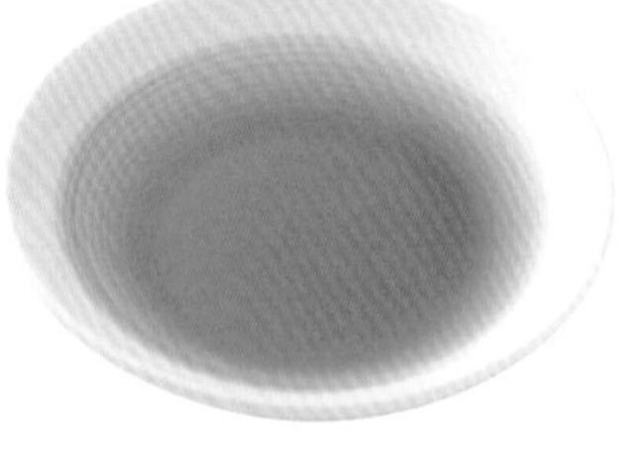

鮑魚只需蒸15～20分鐘就會變得柔軟，但若想要高湯裡融入鮑魚獨特的溫醇風味和貝類的特殊鮮味，就得花上不少時間了。雖然每個人的口味喜好不盡相同，但帶有內臟一起熬煮出的高湯確實更具層次感。

材料

鮑魚……1隻（500g）

A
- 水……700mℓ
- 料酒……少許
- 昆布（真昆布）…5g
- 蘿蔔（帶皮）……50g
- 乾干貝……少許

＊將鮑魚放在流動的清水下，表面輕輕刷洗乾淨後，把整副內臟從殼中取出，淋上沸騰的滾水燙熟。

1 鮑魚肉（含內臟）和A一起放在鍋中或備料盤中，用保鮮膜密封後放入蒸鍋，蒸2小時左右。

2 用隔著烘焙紙的濾網將1的湯汁瀝出，做為高湯使用（鮑魚肉和內臟會使用在料理中）。

蒸鮑魚 麵條 酢橘碎皮

能帶來「吃到高湯了」驚喜感的麵料理。

材料（4人份）

鮑魚高湯（參照上述）……上述的分量
蒸過的鮑魚和內臟（依上述的處理方式，已熬製過高湯的材料）……1隻
淡口醬油、味醂……各少量
麵條（乾麵）……1人份20g
酢橘……1顆

1 依照上述的方法蒸熟鮑魚，待餘熱退去便可取出內臟。鮑魚肉對半切開，再切成好入口的大小。內臟用濾網過篩。

2 鮑魚高湯倒入鍋中，開火，把1的內臟融入少許，再以淡口醬油和味醂調味後靜置冷卻。

3 麵條煮熟後以冰水冷卻，瀝乾水分盛盤。將1的鮑魚擺放在麵條上，澆淋2的湯汁，最後灑上酢橘碎皮點綴裝飾。

◎甲魚高湯

甲魚高湯有各種熬製方式，本店會因應不同的料理改變高湯的作法。這裡介紹的是帶有甲魚鍋那般濃縮的甲魚鮮味，再加入蔬菜的鮮甜調和。除此之外，把甲魚的甲殼和甲魚肉表面以炭火直接烤出香氣，再和昆布、水、料酒一起熬煮也是一種方法。

材料（方便製作的分量，p.41 的料理約為 20 人份）

甲魚……………………………1 隻
水……………………12 合 *（2160mℓ）
料酒…………………4 合（720mℓ）
生薑（切薄片）……………………20g
昆布（真昆布）……………………25g
香菇（切半）………………………2 朵
青蔥（白色部分切成適當大小的蔥段）…………1 根
濃口醬油……………………………適量

※ 甲魚留下裙邊，去除甲殼和多餘的內臟。以滾水汆燙後，剝去薄膜。

＊ 譯註：日本的單位算法，一合約 180 毫升。

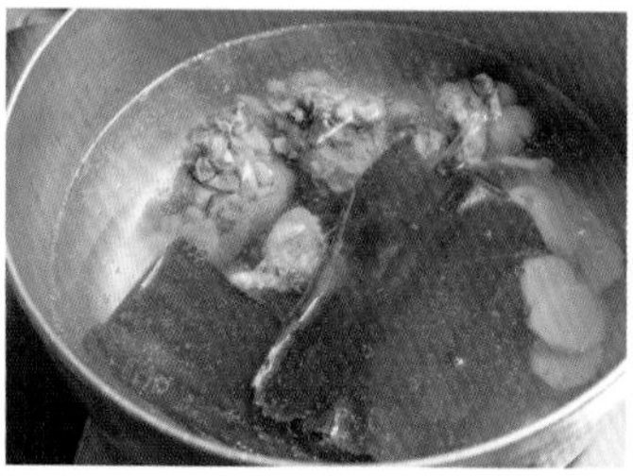

1 鍋中放入水、料酒、生薑、昆布，再放入甲魚肉和裙邊，開火熬煮。煮開後撈除浮沫，以最小火繼續煨煮（約 90℃ 熬煮 50 分鐘～1 小時）。依高湯的熬製狀況，中途可再次調高火力，撈除浮沫。

2 在 1 中放入香菇和蔥段，繼續加熱。

3 熬煮出甲魚的鮮味後，加入濃口醬油調味。

4 用隔著烘焙紙的濾網過濾高湯。（甲魚肉與裙邊會使用在料理中）。

蒸飯 甲魚醬汁 安岡蔥

利用熬煮高湯時使用的甲魚肉製作醬汁，以增添風味。

材料（4人份）

甲魚醬汁
- 魚肉和裙邊（依照p.40的作法，熬煮完高湯後所剩的材料）……適量
- 甲魚高湯（參照p.40）……適量
- 木薯粉……適量

加料蒸飯
- 糯米……120g
- 料酒……40mℓ

安岡蔥（切蔥花）……少許

生薑汁……少許

1 甲魚醬汁：把熬煮高湯後的甲魚拆出骨頭，用手將肉撕開。裙邊切成7公釐的丁狀。

2 甲魚高湯倒入鍋中加熱，加入1的甲魚肉和裙邊，再倒入木薯粉水勾芡，製成醬汁。

3 蒸飯：糯米泡水一晚。瀝乾水分後蒸20分鐘，拌入料酒再繼續蒸20分鐘，取出一人份30克的分量。

4 將3的蒸飯盛盤，澆淋加熱過的2甲魚醬汁，灑入蔥花點綴，最後滴入約5滴生薑汁。

2

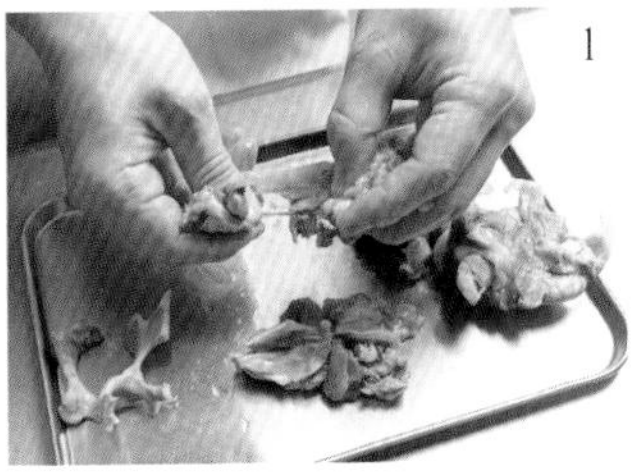
1

◎油炸豆皮雞湯

在昆布和鰹魚高湯中，添加油炸豆皮和雞肉，帶來鮮味。用這道高湯來燉煮蕪菁、蘿蔔、冬瓜等食材，無疑會是一道滋味極為豐富有層次的燉菜。此料理靈感來自關東煮。

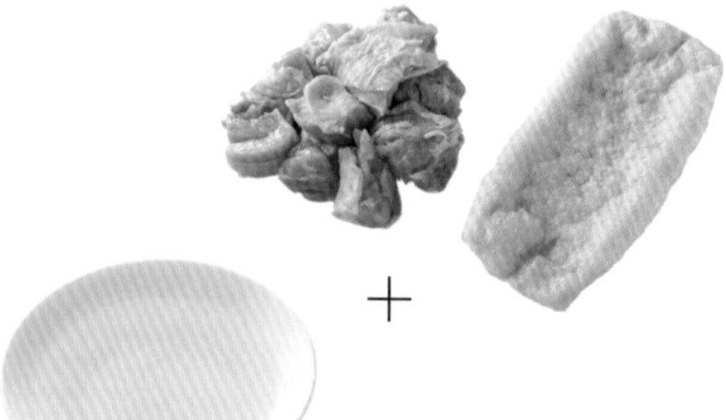

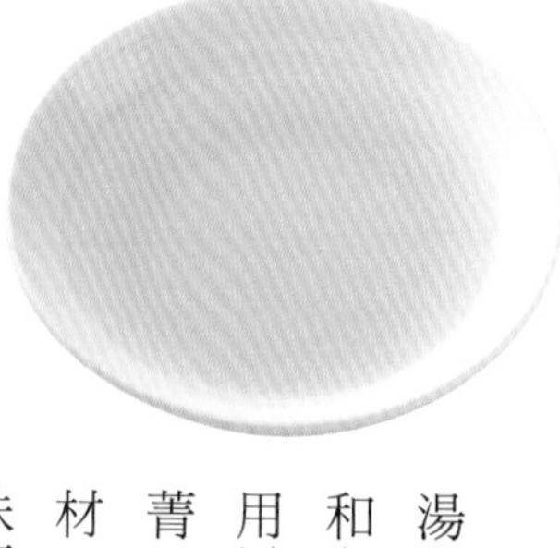

材料

一・五番高湯（參照 p.34）…1000mℓ
雞腿肉……1/2 隻
油炸豆皮……1/2 片

1 雞肉切成約 3 公分的丁狀，以滾水汆燙至變色。油炸豆皮放入熱水中，去除油花。

2 把 1 放入鍋中，加入一・五番高湯，先煮開一次後，撈除浮沫，再以小火煨煮 20 分鐘熬出鮮味。

3 用隔著烘焙紙的濾網過濾高湯。

＊若想從一開始就加入蕪菁一起燉煮，需將削皮的蕪菁、淡口醬油、味醂一起放入 2 中加熱，雞肉和油炸豆皮的鮮味便能進入蕪菁中。

燉蕪菁　柚子碎皮

多了雞肉的鮮味後，入口的滋味也更豐富有層次了。

材料（4 人份）

蕪菁……4 顆
燉菜湯底
- 油炸豆皮雞湯（參照上述）……1000mℓ
- 淡口醬油……45mℓ
- 味醂……30mℓ

日本柚子……1 顆

1 縱向削去蕪菁表皮，和燉菜湯底一起下鍋，煮開後關火，利用餘熱讓食材更入味。

2 把加熱過的 1 蕪菁盛盤，淋上 1 的湯汁，最後灑上磨碎的柚子皮。

虎白

◎豬肉干貝高湯

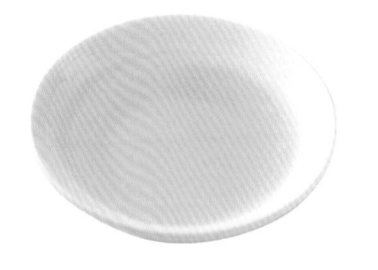

豬五花帶有濃郁的鮮味，只要除去脂肪，就能熬煮出清澈爽口的高湯。大腿肉和里肌肉等其他部位的腥燥味都太重了，製作高湯還是以豬五花最合適。

材料

一 · 五番高湯（參照 p.34）…1000mℓ

豬五花 ………………………… 100g

乾干貝 ………………………… 10g

1 先用滾水汆燙豬五花肉，直至變色。

2 一 · 五番高湯和乾干貝倒入鍋中（可事先將乾干貝浸泡在高湯中），加入1的豬肉先煮開一次，仔細撈除浮沫和油脂，轉小火繼續加熱 20 分鐘左右。

3 等煮出味道後，再用隔著烘焙紙的濾網過濾高湯。

高湯科學

與雞肉相比，豬肉的麩胺酸較少，但含有更多的肌苷酸。在不需要梅納反應的情況下，生肉只要加熱 30 分鐘左右就能提取出大部分的鮮味成分。

松茸什錦湯　銀杏果　酢橘碎皮

這是一道利用土瓶蒸*，將多種食材的鮮美滋味濃縮而成的料理。

蕈類和油脂的搭配度相當高，油脂不僅可以增添食物的層次感，還能讓入口的美味更加鮮明。若是把烤過的松茸搭配昆布、鰹魚高湯，就無法發揮松茸原本的優勢了。

*編註：利用土瓶盛裝食材，再以蒸煮的方式製作而成的料理。

材料（4人份）

- 豬肉干貝高湯（參照 p.44）……180mℓ
- 松茸……120g
- 銀杏果（裸炸）……12顆
- 酢橘……1顆
- 鹽……少許
- 沙拉油……適量

1 松茸切成好入口的大小，倒進加了沙拉油的平底鍋中翻炒，直到炒出香氣。

2 把1倒入食物調理機中攪碎（調理機無法順利轉動時，可加入些許高湯）。豬肉干貝高湯分少量多次倒入，繼續啟動調理機攪碎。

3 把2倒進鍋中加熱，加入少許鹽調味。盛盤後各擺上三顆銀杏果，最後灑上酢橘碎皮增添香氣。

「多仁本」

谷本征治

本店以椀物用的一番高湯和烹調用的二番高湯為基本，除此之外還會在料理中使用甲魚高湯、飛魚高湯、鮑魚高湯等混合型高湯。套餐也會依照每道料理搭配，使用不同的湯頭來增添口感變化。

美味的高湯少不了優質的食材，如果只在料理本身選用優質良品，湯頭使用的食材卻馬馬虎虎，就失去美味料理的意義了。本店的昆布是經過長時間發酵的珍品，一番高湯的鰹魚乾只使用本枯節*的背節**部分。

本店認為熬製高湯的工作，最好是由固定的一個人負責，如果不是出自同一人之手，就容易產生偏差，無法與料理完美契合。

＊譯註：使用優質鰹魚，歷經多次晾晒製成的鰹節（鰹魚乾）稱為「本枯節」，價格相對較為高昂。

＊＊譯註：將經歷多道工序製作完成的鰹節一剖為二，上半片魚背肉或完全未沾血的部分即是背節，也稱雄節。

谷本征治

一九八〇年出生於大阪府。在滋賀縣的數間高級料理餐廳研習學藝，累積深厚經驗後，二〇一七年於特色餐廳雲集的東京・四谷（荒木町）開立了「多仁本」。雖然是只有八張吧台座席的小店面，但對料理有著絕不妥協的堅持，能讓顧客感受到扎實的技術與料理品味。

店內食材皆經過嚴選，也非常重視高湯的製作，一番高湯使用的是窖藏的利尻昆布，以冷泡方式製成，鰹魚乾一律是本枯節的背節，在預約的顧客即將到來前才會現刨現做。

◎昆布高湯

過去在店內也曾經使用真昆布製作高湯，但感覺甜味有點過於強烈，現在使用的是經過長時間發酵的利尻昆布。自從改用了利尻昆布後，鮮味更加濃郁，終於製作出令人滿意的湯頭。開火熬煮過的昆布高湯會散發出令人不甚喜歡的味道，所以本店採用的是冷泡法。

材料

昆布（利尻昆布）……35g
水（天然水）……… 約 8 合
（1440mℓ，依湯頭的濃淡進行調整。昆布可浸泡在水中靜置一晚）

昆布浸泡在水中靜置一晚。

◎一番高湯

鰹魚乾會在客人即將光臨前現刨製作。使用昆布高湯與油脂較少的背節部分，製作出爽口清澈的一番高湯。

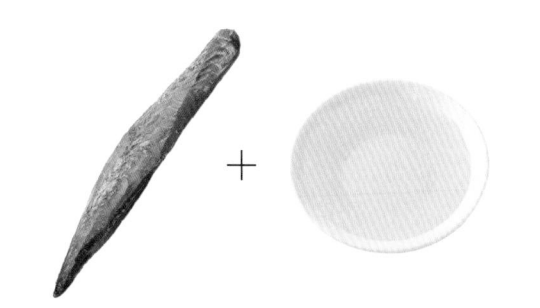

材料

昆布高湯（參照 p.47）…………約 7 合（1260mℓ）
水（天然水）…… 適量（防止沸騰溢鍋時添加的水）
鰹魚乾（本枯節・背節）…………………………… 1 把

＊ 鰹魚乾的外側全部削薄刨落。

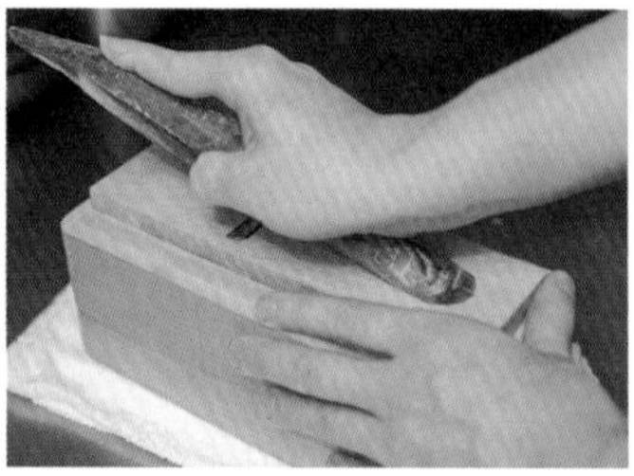

1 顧客即將到來前，才會開始刨削鰹魚乾。

2 完成刨削的鰹魚乾片。

3 從昆布高湯中撈出昆布，高湯倒入鍋中開火加熱。火候控制在將沸不沸的程度，撈除冒出的浮沫。

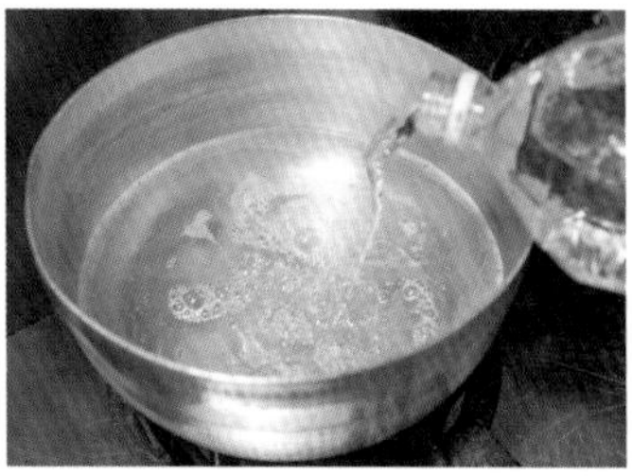

4 關火加水，讓溫度降至 75℃。

5 放入 2 的鰹魚乾。

6 靜置 20 秒左右，再用隔著烘焙紙的濾網過濾高湯。

◎二番高湯

已使用過一輪的昆布再添加新的昆布，搭配刨片的鰹魚乾使用。因為不需要像一番高湯那樣重視香氣，只要在當天進貨時準備好即可。

材料

昆布（依照 p.47 的作法，取已泡過一輪高湯的昆布＋全新的利尻昆布）……………………………… 適量
水（天然水）……………………………………………… 適量
鰹魚乾（去除魚背上發黑的部分，刨成薄片）…… 適量

1 將已製作過一輪高湯的昆布放進鍋中，加入新的利尻昆布，倒入能蓋過昆布的水量，開火熬煮。

2 沸騰後再靜置 10 分鐘左右，撈起昆布。

3 放入鰹魚乾。

4 小火烹煮 5 ～ 10 分鐘。

5 用隔著烘焙紙的濾網過濾高湯。

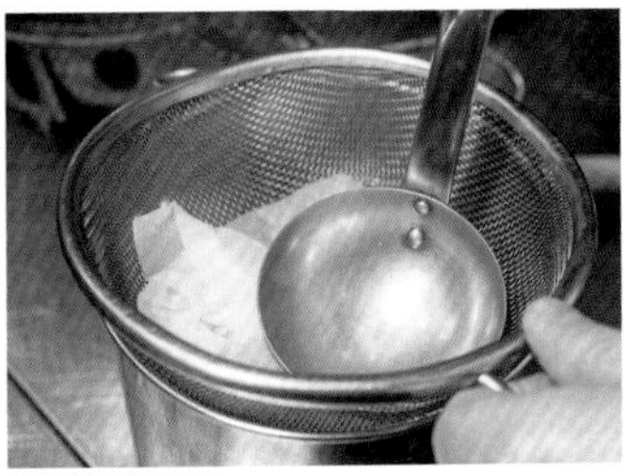

6 過篩後的鰹魚乾用烘焙紙包住，以湯勺從上方擠壓剩餘的精華。

飛驒牛・加茂茄子・九条蔥涮涮鍋風味

油炸後更添風味的加茂茄子和沁入九条蔥甜味的高湯，請盡情享用這道飛驒牛料理。

材料（1人份）

- 牛里肌肉（飛驒牛，切成薄片）⋯⋯40～50g
- 加茂茄子⋯⋯⋯⋯1/6根
- 九条蔥⋯⋯⋯⋯⋯1根
- 二番高湯（參照 p.49）⋯⋯⋯⋯適量
- 味醂、鹽、淡口醬油⋯⋯⋯⋯各適量
- 油炸用油⋯⋯⋯⋯適量
- 山椒粉⋯⋯⋯⋯⋯少許

1 加茂茄子去皮切成5～6等份，油炸過後和加了味醂、鹽、淡口醬油等調味過的二番高湯一起倒入鍋中，煮2～3分鐘。

2 牛肉與切成適當長度的九条蔥加入1的鍋中，迅速加熱燙熟。

3 將2盛盤，灑上山椒粉。

鰻魚銀杏蒸蓮藕泥佐山葵

淋上滿滿二番高湯製成的醬汁。

材料

鰻魚＊	適量
鰻魚調味汁＊＊	適量
銀杏果	適量
油炸用油	適量
蓮藕	適量
二番高湯（參照 p.49）	適量
味醂、鹽、淡口醬油	各適量
葛粉	適量
山葵（磨成泥狀）	適量

＊ 剖開鰻魚腹部後，裝入食物真空袋中密封，靜置冷藏一週。

＊＊ 鰻魚調味汁：烤熟的鰻魚骨適量、味醂 4.5 合、濃口醬油 2.6 合、溜醬油 0.8 合、煮酒 ※0.5 合，混合後加熱。

※ 譯註：煮酒（煮切り酒）是指經過加熱煮開，酒精完全發揮後的清酒或甜米酒。

1 切開的鰻魚不加任何佐料先烤過一次，再接著邊抹醬料邊繼續燒烤。

2 剝去外殼的銀杏果放入油鍋中煎炸，去皮。

3 蓮藕去皮磨成泥，稍微瀝乾水分後，以鹽調味。動作輕柔地揉捏成團，放在鋪了烘焙紙的烤盤上蒸熟。

4 加熱二番高湯，以味醂、鹽、淡口醬油調味，倒入葛粉水勾芡。

5 1的鰻魚烤好後，切成適合入口的大小盛盤，再把蒸熟的3放置其上。2的銀杏果隨意點綴，澆淋4的醬汁，最後擠上磨成泥的山葵。

◎海鰻高湯

與一番高湯混合，主要使用在椀物料理中。

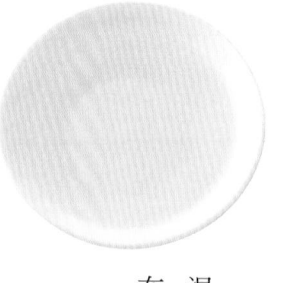

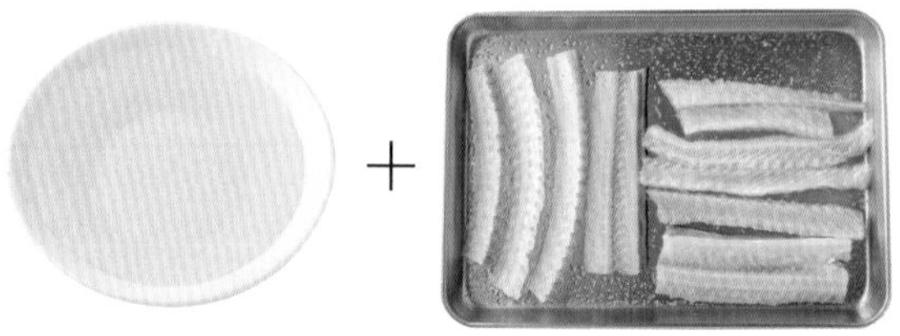

材料

海鰻中骨……………………………適量
昆布高湯（參照 p.47）…………適量
水（天然水）、料酒、鹽…… 各適量

1 海鰻中骨抹鹽靜置約 1 小時，再放進沸騰的滾水中汆燙。

2 完成刨削的鰹魚乾片。

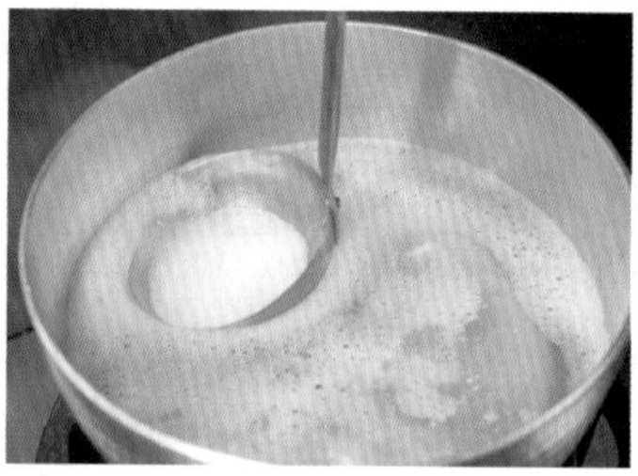

3 在鍋裡倒入昆布高湯，開火，撈除浮沫。

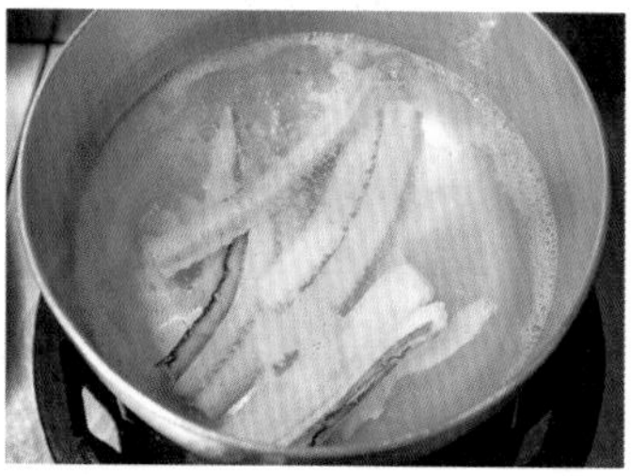

4 在 3 裡加入適量的水與料酒，接著放入 2 的海鰻中骨。

5 控制火候不讓熬煮中的高湯沸騰，以小火加熱 30 分鐘左右。

6 用隔著烘焙紙的濾網過濾高湯。

高湯科學

海鰻骨頭中沒有太多胺基酸，附著在魚肉中的胺基酸所含的麩胺酸才是骨頭湯的鮮味由來。從切成薄片的鮪魚就能看出來，附著在骨頭上的魚肉其實還真不少，想必便是源自於此。而骨頭最令人期待的就是膠原蛋白了，除此之外還有骨髓和優質脂肪，都會對香氣產生影響。

海鰻、冬瓜與萬願寺的椀物

混合海鰻高湯與一番高湯，會讓鮮味更加濃郁。↓208頁

◎鮑魚高湯

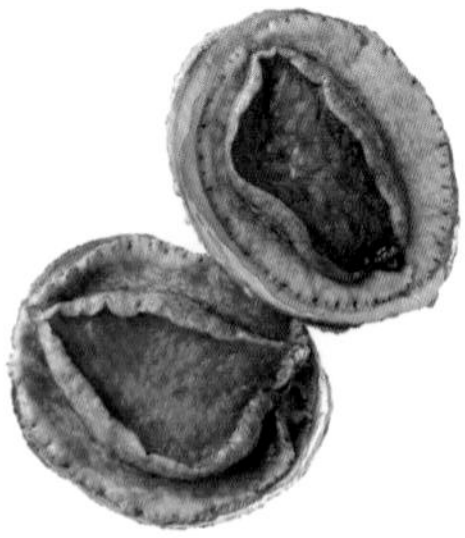

從殼中取出的鮑魚肉，和料酒、水、二番高湯一起蒸製。鮑魚本身就帶有鹽分，不需再另外加鹽。

材料

- 鮑魚……適量
- 水（天然水）……適量
- 二番高湯（參照 p.49）……適量
- 料酒……適量

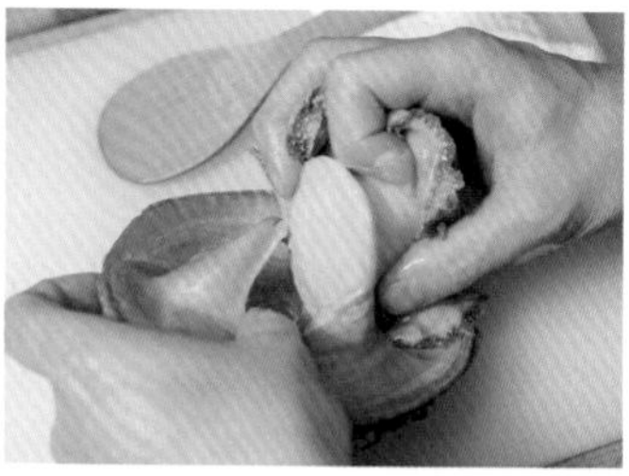

1 鮑魚放在流動的清水下、用刷具輕輕清洗乾淨，再用飯勺將鮑魚肉從殼中挖出。

2 肝臟也要挖出（這裡不使用肝臟）。

3 鮑魚肉放入鍋中，以水 1：料酒 1：二番高湯 1 的比例加入後，大火熬煮。

4 撈除冒出的浮沫。

5 連鍋子一起放入已經預熱好的蒸鍋中，蒸 3 ～ 5 小時。

6 蒸製中的狀態。確認鮑魚的硬度是否達到標準。

7 蒸製完成後，連同鍋子一起泡進冰水中冷卻，讓鮑魚更加入味。剩下的湯汁可做高湯使用。

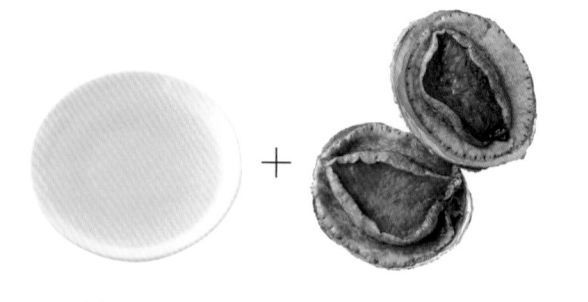

鮑魚、加茂茄子與海膽凍柚子碎皮

鮑魚肝另外煎煮，裹上醬汁後鋪在下層也是不錯的選擇。

材料

- 加茂茄子……………………適量
- 蒸鮑魚（依照 p.54 的作法，熬製過高湯的鮑魚肉）……………………適量
- 生海膽……………………適量
- 鮑魚高湯（參照 p.54）適量
- 油炸用油……………………適量
- 二番高湯（參照 p.49）…適量
- 淡口醬油、味醂、鹽、醋、吉利丁片…………各適量
- 青柚子……………………適量

1 加茂茄子去皮，切成5～6等分，油炸過後和二番高湯、味醂、鹽、淡口醬油拌勻，煨煮2～3分鐘，靜置放涼。

2 蒸熟的鮑魚肉切成好入口的大小。

3 加熱鮑魚高湯，以淡口醬油、味醂、鹽、醋調味，將融化的吉利丁拌入其中，靜置冷卻後即形成湯凍。

4 將1和2盛盤，生海膽鋪蓋其上，淋上3的鮑魚湯凍，最後灑上柚子碎皮增添香氣。

◎甲魚高湯

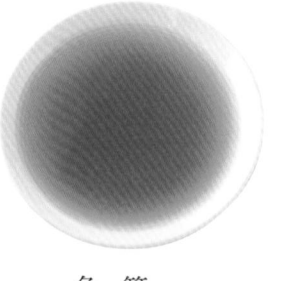

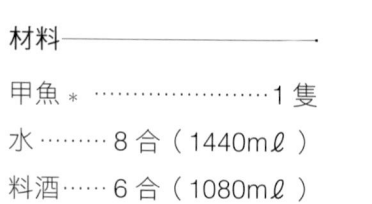

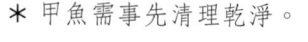

不加入昆布等用料，僅以甲魚製成高湯。

材料

甲魚＊……………………1隻
水………8合（1440mℓ）
料酒……6合（1080mℓ）
淡口醬油………………適量

＊甲魚需事先清理乾淨。

1 將甲魚肉、裙邊、甲殼汆燙，除去薄膜。

2 鍋裡倒入水與料酒，開火熬煮。沸騰後加入1。

3 以大火熬煮（偶爾轉小火）同時撈除浮沫，約煮30分鐘。

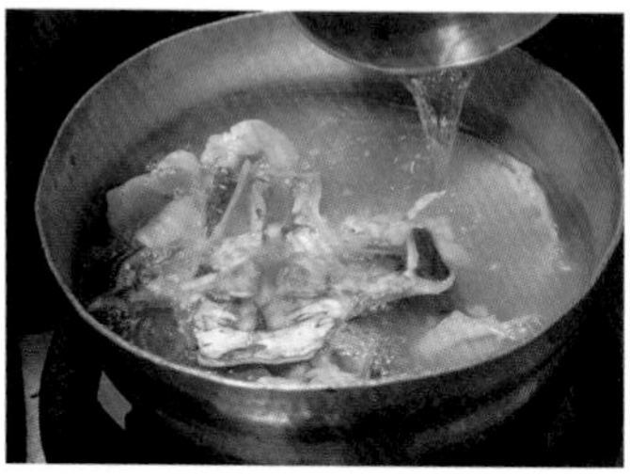

4 若在熬煮過程中水分變少了，需再加水補足。

5 甲魚肉煮至柔軟，略帶透明感時，加入淡口醬油調味。

6 繼續熬煮約10分鐘。

7 連鍋子一起浸泡在冰水中急速冷卻。之後再用隔著烘焙紙的濾網過濾高湯。

甲魚嫩薑土鍋

將熬煮過高湯的甲魚肉切碎，搭配甲魚高湯做成炊飯。這是一道將甲魚活用到極致，沒有絲毫浪費的料理。↓208頁

◎飛魚高湯

以飛魚的烤魚乾（燒干）熬製而成的一道高湯，此高湯在本店僅在麵類料理中使用。

＋

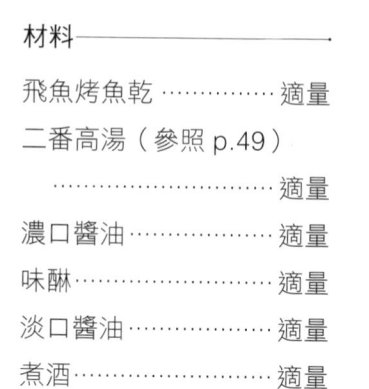

材料

飛魚烤魚乾……………適量
二番高湯（參照 p.49）
……………………………適量
濃口醬油…………………適量
味醂………………………適量
淡口醬油…………………適量
煮酒………………………適量
鰹魚乾……………………適量

1 飛魚乾去除內臟，與二番高湯一起放入鍋中浸泡靜置半天後，再開火熬煮。

2 加熱 10 分鐘待味道出來後，加入濃口醬油、味醂、淡口醬油、煮酒調味。

3 放入鰹魚乾，立刻關火。

4 用隔著烘焙紙的濾網過濾高湯。

5 過篩後的鰹魚乾用烘焙紙包住，以湯勺從上方擠壓剩餘的精華。

高湯科學

飛魚的烤魚乾擁有足以和沙丁魚乾（煮干）匹敵的麩胺酸和肌苷酸，熬煮出的高湯鮮味十足。烤魚乾在製作的過程中，雖然會流失不少脂肪，但因烤製時產生的梅納反應和脂質氧化反應，仍比沙丁魚乾更具風味。因高湯本身的獨特風味，在使用上必然得多下一番功夫，才能成為一道特色料理。

烤無花果鴨肉半田麵　蓴菜　芽蔥

突顯出高湯美味的一道料理。若在套餐中和麵食結合，更能感受到張弛有度的豐富滋味。

材料

鴨胸肉…………適量
無花果…………適量
半田麵…………適量
柚子胡椒………適量
飛魚高湯（p.58）
…………………適量
煮酒、濃口醬油、
味醂………各適量
芽蔥……………適量

1 平底鍋烤熟鴨胸肉的外皮，徹底去除油脂。

2 以煮酒3：濃口醬油0.9：味醂0.5的比例倒進鍋中拌勻，接著倒入滾水。放入1的鴨肉，期間要不斷翻面，加熱約15分鐘。

3 分開2的鴨肉與湯汁，分別靜置放涼。待降溫後，再將鴨肉放回湯汁中，醃漬半天～1天等待入味。

4 無花果去皮，以大火炙烤。切成好入口的適當大小。

5 將3的鴨肉切成好入口的大小。為了方便咀嚼，鴨肉兩面都要細劃幾刀。背面抹上少許柚子胡椒。

6 半田麵煮熟後以冷水沖洗，放入冰水中保持麵條的勁道。瀝乾水分後，和4、5一起盛盤。澆淋冰涼的飛魚高湯，最後擺上芽蔥裝飾點綴。

「TENOSHIMA」

林亮平

本店的一番高湯，使用的是香深所產的利尻昆布，和一本釣鰹魚製成的鰹魚乾。昆布和鰹魚都盡可能減少用量，善用相乘效果熬煮出令人滿意的高湯。

說起日本料理中的高湯，昆布確實是不可或缺的存在。想不依賴昆布熬製高湯，在現階段是很難辦到的。但年復一年的採收，昆布的數量只會變得愈來愈稀少，然而這件事似乎沒有多少人在意。但我想還是得未雨綢繆，盡早考慮在失去昆布後，該如何製作不同以往的高湯和料理才行。

當初開店時，會想到要強打小魚乾（煮干）高湯，是因為考慮到不僅可以作為本店的特色，也能藉此告訴大眾，不只有昆布和鰹魚才能熬煮出美味的湯頭。在不少鄉下地方，都有能代表當地特色的高湯，並且散發出這塊土地的獨特訊息。總有一天，我一定要回到林氏老家所在的香川縣・手島，開一家屬於自己的店，靠著我在大都市學來的料理手藝，將鄉土料理發揚光大，這是我的責任，說不定也將成為下一個世代的日本料理。

林亮平

一九七六年生於香川縣丸龜市，在岡山縣長大。拜京都名店「菊乃井」的村田吉弘氏為師，除了研習料理外，也累積了不少與食物相關的經驗。在外研修學藝十七年後，始獨立創業。二〇一八年，「TENOSHIMA」（てのしま）於東京・青山開張。每天都在摸索如何能在控制成本的前提下，以最有效率的方法做出既能滿足顧客，同時也讓自己認可的高湯。因對過度依賴昆布的日本料理產生了危機意識，如今依然努力探索著不使用昆布也能製作出新品高湯的可能性。

鮮味組合一覽表

從「TENOSHIMA」的高湯品項中，整理出鮮味組成，並以下列圖表呈現。

雖然將高湯分為「使用昆布」與「不使用昆布」兩類，但使用昆布的無疑占了極大部分。使用昆布的高湯如何與其他鮮味相互搭配，都如下圖所示細分歸整。不使用昆布的有生火腿高湯和番茄高湯兩種。最右側所列舉的，則是收錄在本書中使用該高湯的料理。

◎使用昆布的高湯

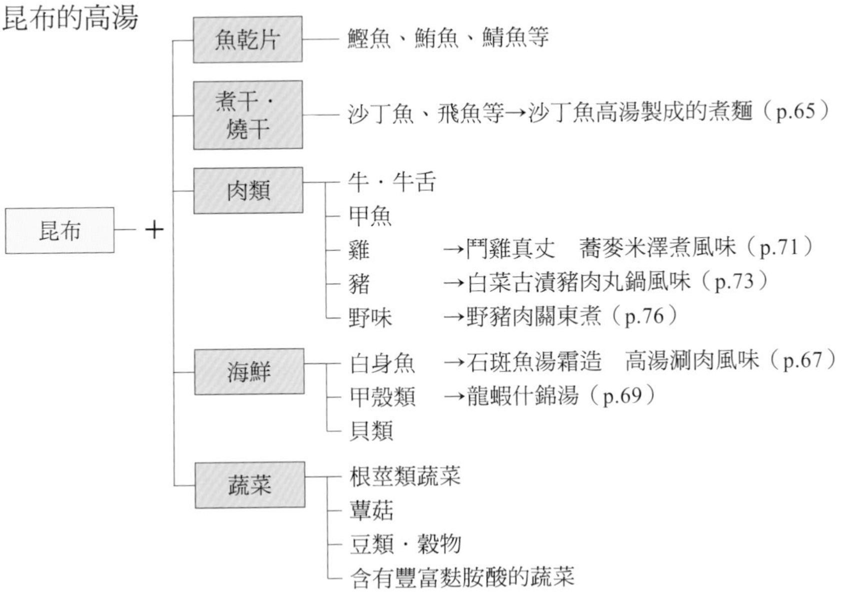

◎不使用昆布的高湯

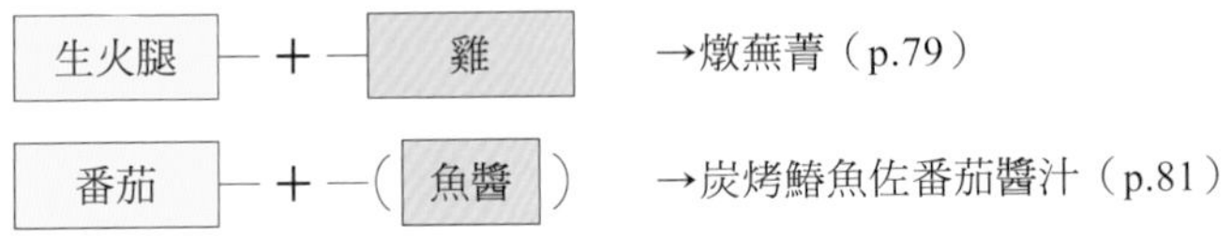

從動物性蛋白質到製作高湯的調理方式

若想使用新鮮的魚類、肉類或骨頭來製作高湯，請先把下列的圖表刻進腦海裡，將高湯的製作方式當作一道手續牢牢記住，就能輕鬆運用了。至於該選擇什麼樣的處理方式，還是得從想做出的料理來反思。

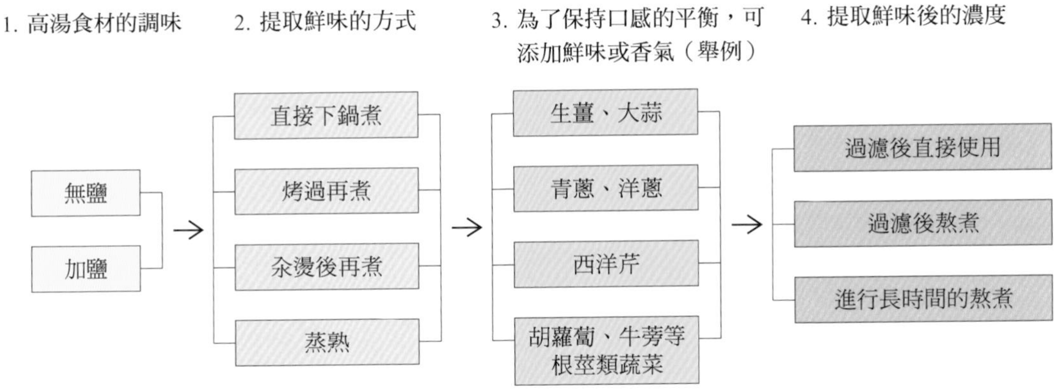

◎昆布高湯

主要是用在一番高湯，或是作為其他高湯的基底使用。昆布選用的是香深產的利尻昆布。雖然是第三等級的昆布，但也能熬煮出十分美味的湯頭。本店對昆布的風味並沒有特別的要求，考慮的反而是如何以最少量的昆布提取出最大程度的鮮味，在不斷嘗試摸索下，終於找到了這樣的方法。

材料

昆布（香深濱產第三等級的利尻昆布）…………15g

水…………………… 1000mℓ

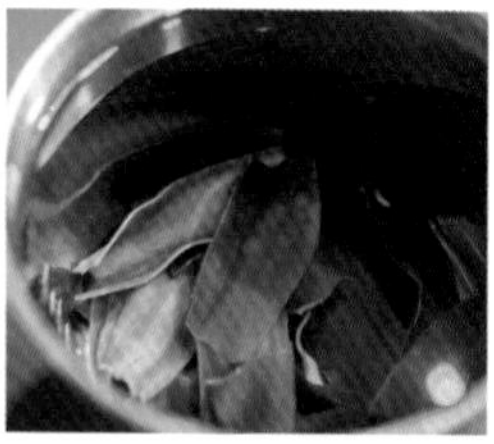

1 前一天先將昆布與水一起放入鍋中蓋上鍋蓋，在常溫（20℃以下）中靜置一晚（8～12小時）。

2 拿下1的鍋蓋，開火加熱至62～63℃。

3 蓋上鍋蓋，放入蒸氣烤箱（65℃、溼度100%），加熱1～1個半小時。

4 加熱結束後的狀態。

5 撈出昆布。

高湯科學

做為鮮味成分的麩胺酸和胺基酸都屬於水溶性，只要長時間置於常溫的水中就能溶於水。加熱至65℃便能將昆布組織破壞到一定程度，其實在冷泡階段，昆布的精華就已釋放得差不多了。至於香氣，加熱雖然會產生相應的化學反應，但此處對香氣並沒有特別要求，所以不用加熱到100℃。

◎一番高湯

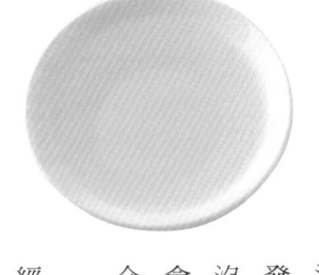

本店的鰹魚乾皆從「taikō」（東京・晴海）進貨，選用的是在近海一本釣，並已去除魚背上發黑部分的本枯節，如果不是這家的鰹魚乾，就沒辦法使用這樣的製作方式了。即使煮沸了也不會出現酸酸澀澀的雜味，因為他們家的本枯節至今仍遵循古法製作，細心地加工而成。

以此製成的高湯非常清澈，沒有一絲雜質。經高溫煮沸後，肌苷酸也能很好地被提取出來。如此一來，鰹魚乾的使用量自然能跟著減少。我對一番高湯的要求就是乾乾淨淨的鮮味，不需要特別突顯什麼，只要清澈簡單，隱約能感受到鮮味，就是我理想中的一番高湯。

本店的一番高湯主要使用在椀物上，加入根莖類的食材長時間燉煮，也不會出現澀味，也沒有其他多餘的雜味。以此方式類推，說不定還能拓展出更多料理的可能性。

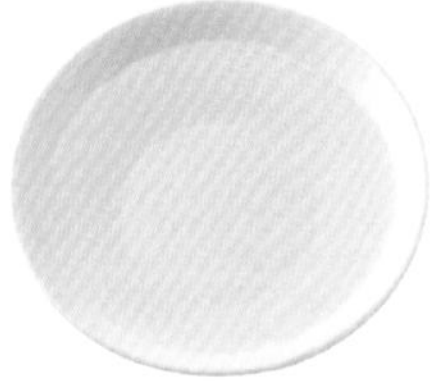

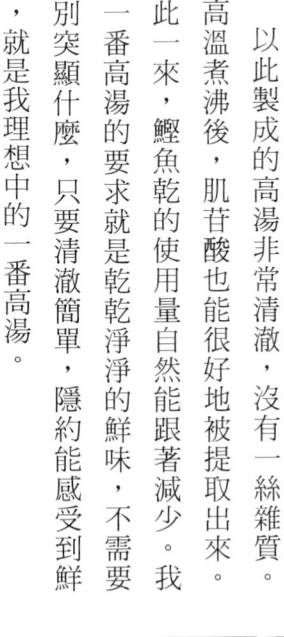

+

材料

昆布高湯（參照 p.62）……1000mℓ

鰹魚乾（一本釣的本枯節削薄片）…… 15g

1 開火將昆布高湯加熱至沸騰。

2 在 1 的鍋子中加入鰹魚乾。

3 轉小火繼續加熱 5 分鐘。

4 關火。

5 用雙層濾網過濾高湯。

＊在細濾網上加套網面更細密的濾網組合而成。

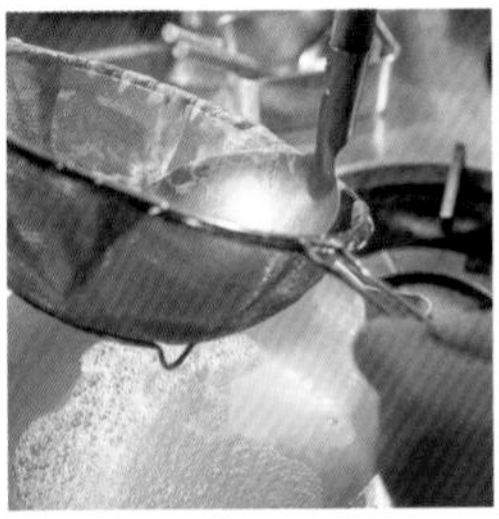

6 用力擠壓湯渣最後的精華。

高湯科學

讓高湯加熱 5 分鐘直到沸騰，再用力擠壓湯渣，此舉不只是為了得到鰹魚乾鮮味成分的肌苷酸，也是為了擠壓出鰹魚乾所含的組胺酸等胺基酸（食物入口的酸澀味）。如果用餐過程中沒有感受到這些，或許是鮮味帶來的相乘效果太過強烈，才抑制了其他味道的存在感。

◎小魚乾高湯

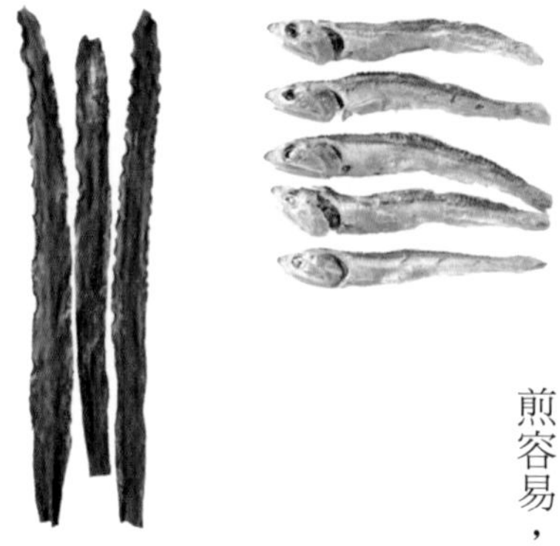

一開始便是抱著作為本店特色強打的想法，而研發出的高湯。

和「山國（やまくに）」家（香川縣）的小魚乾相遇，終於讓我有自信能熬製出這一道高湯。入口生香的美味魚類，並不一定是適合用來作為高湯素材的魚類，不管是鰹魚或日本鯷都一樣。油脂氧化是造成臭味的元凶，且並不是高湯所需要的成分。話雖如此，但完全沒有脂肪的魚也不行。所以說，找出適合用來熬製高湯的魚類實在是太重要了。不得不說「山國」家的小魚乾質量真的非常好。

在熬煮之前先放入微波爐加熱，是為了消除乾貨本身的臭味。沒有經過鰹魚乾那種燻製作業的乾物，就需要進行這樣的除臭過程。不僅比乾煎容易，還能縮短時間。

材料

小魚乾（瀨戶內海燧灘產）…………11g（去除魚鰓和內臟後的重量）

昆布（香深濱產第三等級的利尻昆布）……………………15g

水……………1000mℓ

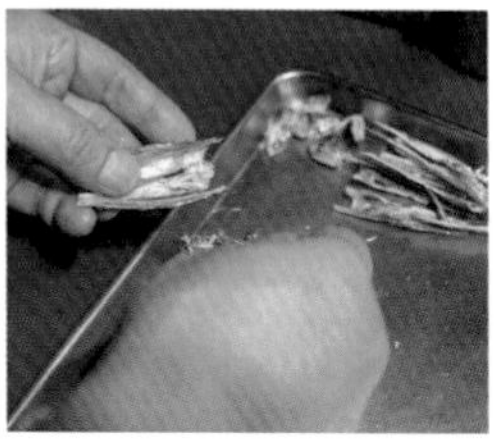

1 前一天事先處理好小魚乾（拔掉頭部、魚鰓和內臟，魚身剖半）。

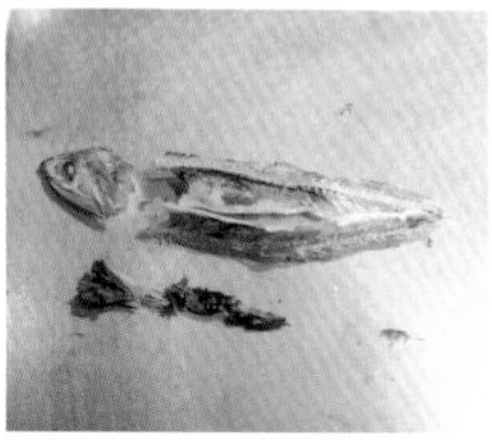

2 魚鰓和內臟捨棄不用，只留下魚身和頭部。

3 計算好魚身和頭部的重量，放入設定600W的微波爐中加熱45秒，稍微攪拌混合後再加熱45秒。

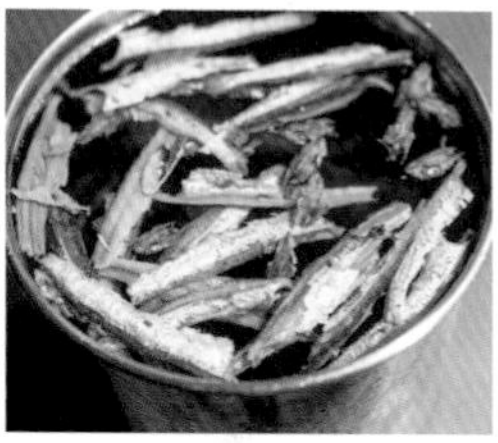

4 將3的小魚乾和昆布連同水一起放入鍋中，蓋上鍋蓋，在常溫（20℃以下）中靜置一晚（8～12小時）。

5 取下鍋蓋後開火熬煮，加熱至62～63℃。

6 蓋上鍋蓋，放入蒸氣烤箱（設定65℃、溼度100％）加熱1～1個半小時。

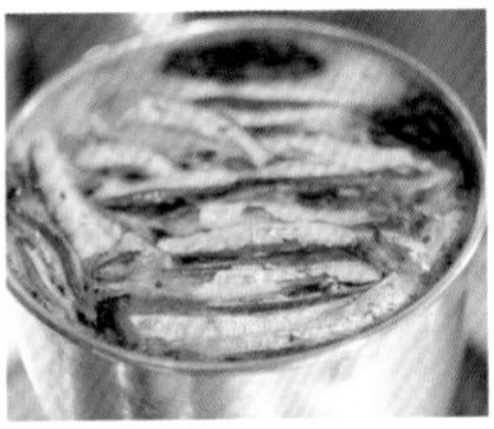

7 取下鍋蓋，再次煮至沸騰，逼出小魚乾和昆布的氣味。

8 用濾網過濾高湯。

＊在細濾網上加套網面更細密的濾網組合而成。

高湯科學

小魚乾的鮮味成分來自於肌苷酸，若和昆布的麩胺酸一起品嚐，便能在相乘效果的作用下感受到更濃郁的鮮味。小魚乾很容易出現因脂質氧化產生的臭味，保存時為了避免氧化，必須特別加強密封。在烹調上，慢慢加熱可能會提高脂質氧化的風險，就這一點來說，利用微波爐一口氣加熱、脫水，讓保存中的脂質氧化物質得以揮發，不讓脂質有足夠氧化的時間，也不容易產生脂質氧化的問題。

小魚乾高湯煮麵

這道小魚乾高湯（64頁）是將小魚乾和昆布一起加熱熬製而成，並刻意帶出了小魚乾和昆布本身的海腥味。在純淨的味道中摻入一絲雜味，是為了讓高湯的口感更厚實有力，若想直接品嚐到這道高湯的美味之處，質樸簡單的煮麵最適合了。↓209頁

◎石斑魚高湯

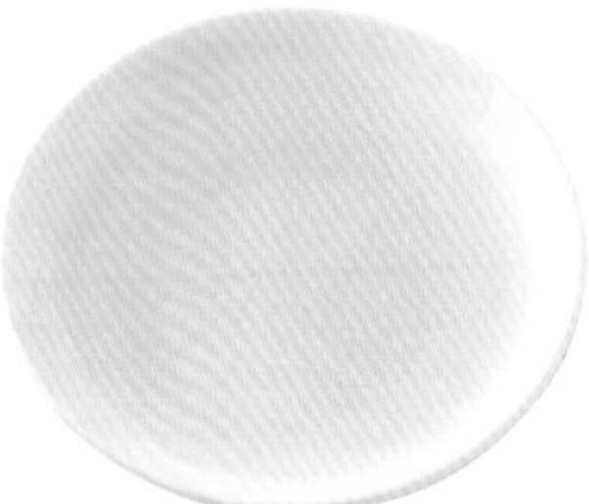

所有海鮮類的高湯都盡量不要煮得太久，貝類和甲殼類的高湯也是如此，只要15～20分鐘就足夠了。熬煮超過30分鐘，就會產生腥臭味。若希望味道更醇厚，可以在過濾之後，繼續熬煮鍋中的液體。

材料

石斑魚（七帶石斑魚）的邊角料…… 200g
昆布高湯（參照 p.62）…………1000mℓ
生薑（切薄片）………………………… 15g
料酒…………………………………………50mℓ

1 刮除石斑魚的鱗片，用水沖洗乾淨。整條魚用滾水汆燙後，再以冰水冷卻。

2 擦乾魚身上的水分，三切魚片＊（邊角料用於熬製高湯，魚肉部分會在料理中使用）。

＊譯註：將魚肉及魚骨分三部分切開，除了去除魚骨，還要完整切下魚肉。

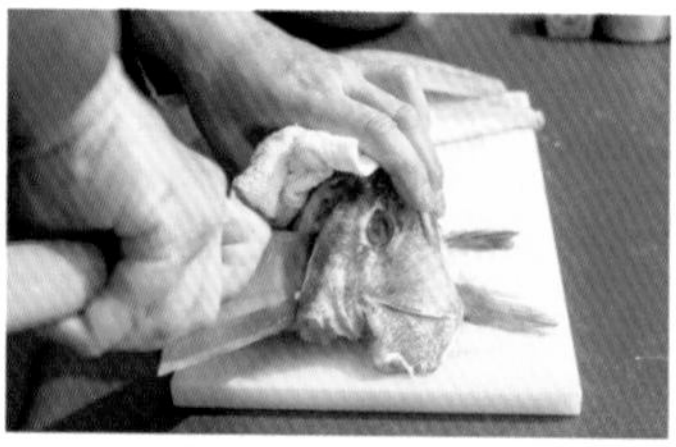

3 石斑魚的邊角料切成5cm大小的丁狀，仔細去除血水和黏液。

4 把3放在鋪了烘焙紙的烤盤上，放入蒸氣烤箱中（設定260℃、溼度50%）烤10分鐘。

5 烘烤完成，每一塊表面都烤得焦酥。

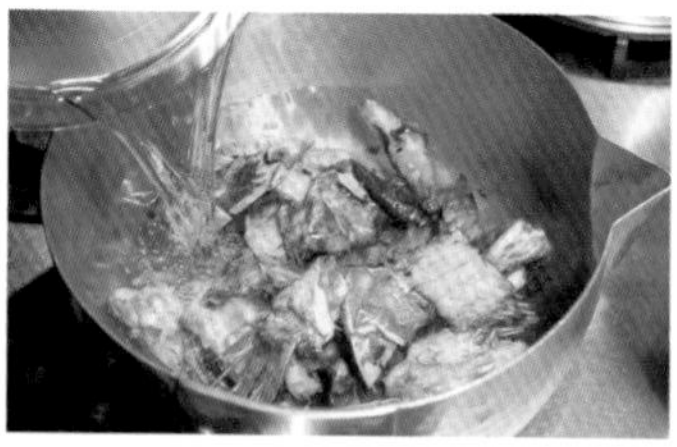

6 將5的邊角料放入鍋中，加入昆布高湯、生薑、料酒，開火熬煮。

9 隔著冰水急速冷卻，將凝結的脂肪刮除。

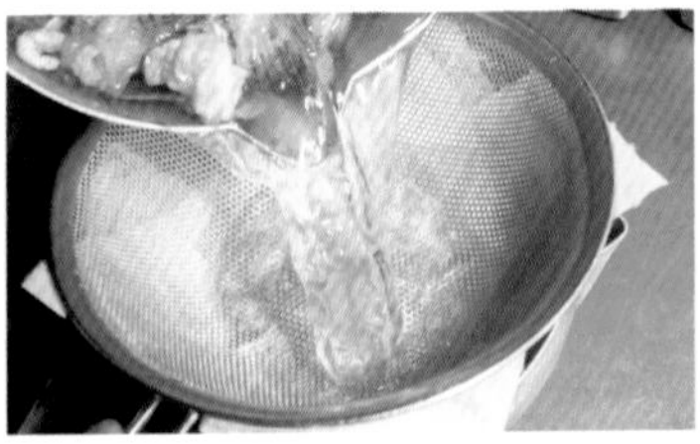

8 再次開火熬煮，沸騰後用隔著烘焙紙的濾網過濾高湯。

7 熬煮 15 分鐘後關火，靜置 30 分鐘。

高湯科學

用魚類邊角料熬製的高湯，因為使用了中骨等血水成分較多的部位，很容易產生脂質氧化的腥臭味。因此徹底去除血水是相當重要的一道步驟。除此之外，加熱直到引發梅納反應後，產生的香氣能掩蓋氧化的臭味。法式料理經常使用香草來抑制氣味，新鮮的魚類應該也可以用這種方法來處理腥臭味吧。

吸附石斑魚湯　高湯涮肉風味

微溫的石斑魚生魚片上，吸附著石斑魚高湯的鮮味。

是因為石斑魚高湯中的膠質成分，才會使鮮味牢牢黏附在魚肉上。→209頁

◎甜蝦高湯

這裡使用的是便宜的整隻冷凍甜蝦。熬製過程中不使用奶油等動物性油脂，而是稍微加入一點蔬菜的清甜風味。油品選擇的是太白胡麻油，並盡可能減少用量。

決定各國特色料理的一大要因，應該是食物帶來的香氣與食用後的感想吧，像是光從料理香氣就能聯想到和食，想到和食就會想到輕爽無負擔的感覺。正因如此，我才想盡可能地去除高湯中的多餘油脂，甜蝦本身的脂肪和炒煮時的油脂都會在最後的過濾步驟中去除乾淨。

材料

- 甜蝦……500g
- 洋蔥……250g
- 西洋芹……55g
- 胡蘿蔔……90g
- 番茄……125g
- 料酒……500mℓ
- 昆布高湯（參照 p.62）… 2500mℓ
- 太白胡麻油……50mℓ

1 甜蝦平鋪在烤盤上，放入蒸氣烤箱（設定260℃、溼度50%）烤9分鐘，烤到酥脆焦黃。

2 把1全部倒入食物料理機中，攪拌成肉末狀。

3 洋蔥、西洋芹、胡蘿蔔、番茄切成1cm的丁狀。鍋裡倒入太白胡麻油，再加入洋蔥、西洋芹、胡蘿蔔炒到溼軟的程度。

4 3裡加入番茄翻炒後，全部移至深型湯鍋中。

5 炒菜鍋再次開火，倒入2炒熟。

6 整體翻炒至散發香味時，倒入料酒，將黏在鍋底炒焦的部分刮除。

7 將6移至已放入蔬菜的深型湯鍋中。

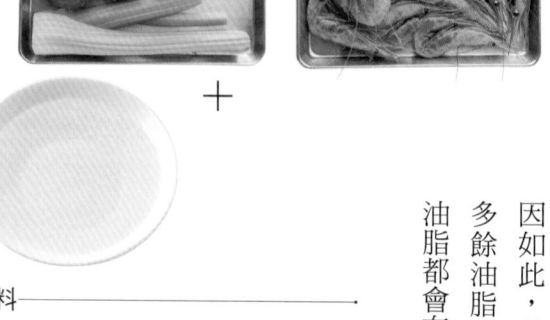

11 從濾網上方用力擠壓剩餘的湯汁精華。

10 用隔著烘焙紙的濾網過濾高湯。

9 熬煮 25 分鐘。

8 倒入昆布高湯。

高湯科學

甜蝦生長於深海，具有豐富的蛋白質分解酵素，死後也會自行分解肉身中的蛋白質，產生甘胺酸和丙胺酸等大量帶甜味的胺基酸化合物，所以入口會自帶甜味。因容易產生梅納反應，在料理過程中要特別注意火候大小，洋蔥和胡蘿蔔都含有豐富的葡萄糖，和甜蝦一起下鍋炒的過程也很容易引發梅納反應，必須看準時機，在炒焦之前起鍋，才能熬製出香氣迷人的高湯。此外，加入料酒將黏在鍋底的梅納反應物質鏟除（也就是法式料理所說的 déglacer＊）也是相當重要的一道步驟。

＊譯註：在調理完肉類或海鮮之後，鍋底通常會留下一層像焦糖的物質，這時會加入液體（水或各種酒類）融化這層焦化物，使精華釋出，再稍微收乾湯汁做成醬汁。加入液體融化焦化物再收乾湯汁的過程就叫 déglacer。

甜蝦什錦湯

搭配白味噌做成濃湯風味。送入口中時，既有濃湯的馥厚口感，品嘗起來卻又輕爽無負擔，是一道道道地地的日本料理。

能為味覺帶來衝擊的甜蝦高湯，建議少量食用，或者作為佐味的醬汁更為適合。↓210頁

◎雞汁高湯

除去雞皮和油脂，只使用雞胸肉部分。和其他的高湯一樣，油脂都是非必要的，所以會盡力去除。這是一道包含昆布與料酒鮮味的雞汁高湯。添加少量的乾香菇能為高湯帶來些許不同的鮮味，但入口時也不會意識到香菇的存在。

材料

昆布・乾香菇高湯＊……………… 1000mℓ
料酒……………………………………50mℓ
雞（鬥雞）胸肉漿（除去雞皮、脂肪後剁成肉漿）………………………………150g
雞中翅…………………………………200g
生薑……………………………………20g

＊ 昆布・乾香菇高湯：前一天就先把 15g 的昆布和 5g 的乾香菇浸泡在 1000mℓ 的水中，依照 p.62 的昆布高湯熬製方式即可。

1 雞翅平放在鋪著烘焙紙的烤盤上，放入烤箱中烤至焦黃。

2 雞肉漿倒入鍋中，在放涼的昆布乾香菇高湯中加入料酒、生薑後，一併倒入鍋中拌勻。

3 1 的雞翅放入 2 中開始加熱。

4 不時翻動攪拌，注意不要讓鍋裡的材料燒焦。

5 再稍微熬煮一會兒。

6 用隔著烘焙紙的濾網過濾高湯。

7 從濾網上方用力擠壓剩餘的湯汁精華。高湯冷卻後脂質會形成凝結狀態，這時候需再一次過濾，去除油脂。

高湯科學

雞胸肉比大腿肉含有更多的鮮味成分，脂肪比例也更少，很適合用來熬製高湯。將雞胸肉剁成肉漿，從冰涼狀態經過加熱這一道手續後，肉漿中的蛋白質會慢慢凝結，使原本渾濁的油脂浮於表面，去除後就能得到清澈的高湯。

鬥雞真丈　蕎麥米澤煮*風味

將德島縣的鄉土料理「蕎麥米雜炊」改良成椀物料理。若只有雞汁高湯未免稍嫌寒酸，於是搭配了一番高湯增添口感，帶來這一道品味高雅的獨特料理。→210頁

＊澤煮為放入蔬菜煮成的清湯。

◎豬肉高湯

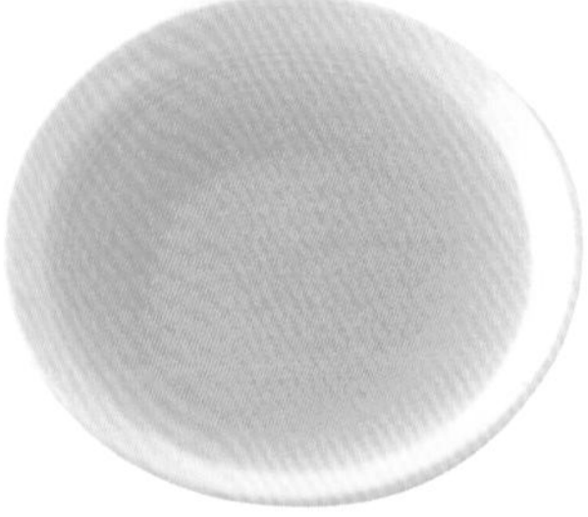

取自料理所使用的食材，與甲魚是相同類型的高湯。

雖然使用的是脂肪較多的五花肉，但熬煮出的油脂會在凝結後全部去除，不會在高湯中留下一絲油膩感。

材料

豬五花肉（切大塊）……………………800g
昆布高湯（參照 p.62）…………2700mℓ
料酒……………………………………540mℓ
生薑（帶皮切成稍厚的薑片）………50g
大蒜……………………………………1 粒

1 將豬五花肉切成 3 等分，平攤在鋪了烘焙紙的烤盤上，放進蒸氣烤箱（設定 230℃、溼度 30％）烤 13 分鐘。

2 將所有材料放入壓力鍋中。

3 蓋上鍋蓋，加熱 40 分鐘。

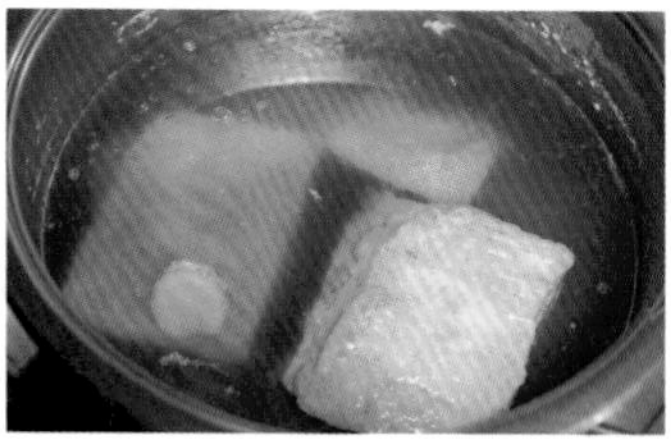

4 隔冰水冷卻，使脂肪凝結。

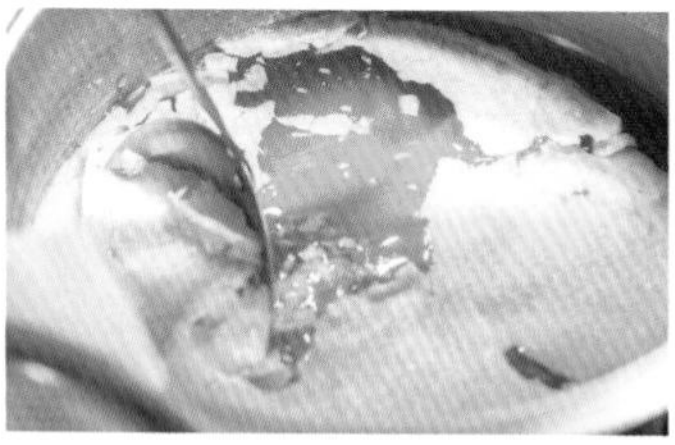

5 撈除凝結的脂肪，用隔著烘焙紙的濾網過濾高湯。

6 取出豬肉（肉塊會在料理中使用），將鍋中的高湯倒入 5 的濾網再次過濾，完成豬肉高湯。

高湯科學

豬肉的美味之處在於蘊藏在肉裡的胺基酸和脂肪的香氣，還有膠原蛋白帶來的稠度。脂肪中也含有不少膠原蛋白，所以才會選擇豬五花來提取這個有用的成分。要特別注意的是若加熱時間過長，膠原蛋白會因水溶性的特質使湯水呈凝膠狀。所以這裡選擇用壓力鍋來提高溫度與氣壓，讓膠原蛋白在短時間內膠狀化。脂肪若混入高湯中會使高湯變得渾濁，但只要撈除冷卻後凝結的脂肪，就能讓這一道豬肉高湯不油不膩，還帶有脂肪的香氣。

白菜古漬豬肉丸鍋風味

味道醇厚濃郁的豬肉與醃白菜的酸味實在是太相配了。↓211頁

◎野味高湯

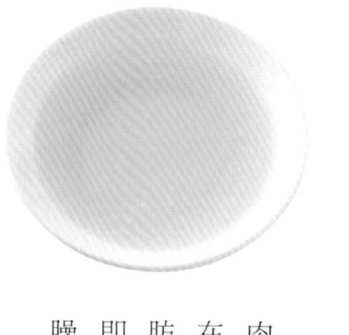

使用野豬骨與絞肉熬煮，再以紅肉為主的鹿肉加強鮮味。大蒜只是用來提升風味，用量控制在飲用時不會察覺到蒜味的程度即可。野豬肉脂肪較多，仔細去除油脂是相當重要的一道步驟。即使是野味，只要用上好食材，也不會感受到腥臊異味。

高湯熬煮到最後階段會因梅納反應產生濃縮感，但如果料理不需要那麼厚重的口感時，到一定程度即可開始過濾。手邊若有蔬菜的外皮也可以加入一起熬煮，尤其是根莖類的蔬菜能熬出很好的湯頭，與野味生肉也很相配，可為高湯帶來更豐富飽滿的風味。

即使是味重腥臊的肉塊，只要能確實找到抑制的訣竅，也能製作出符合日本料理風格的高湯。

材料

昆布高湯（參照 p.62）…………2000mℓ
料酒……………………………………500mℓ
野豬骨……………………………………500g
野豬絞肉…………………………………200g
鹿絞肉……………………………………100g
生薑（切薄片）…………………………50g
大蒜………………………………………1 小片
蔬菜外皮（蘿蔔與金時蘿蔔）………適量
乾香菇……………………………………5 朵

1 將野豬骨平攤在鋪了烘焙紙的烤盤上，放進蒸氣烤箱（設定 260℃、溼度 50%）烤 10 分鐘。

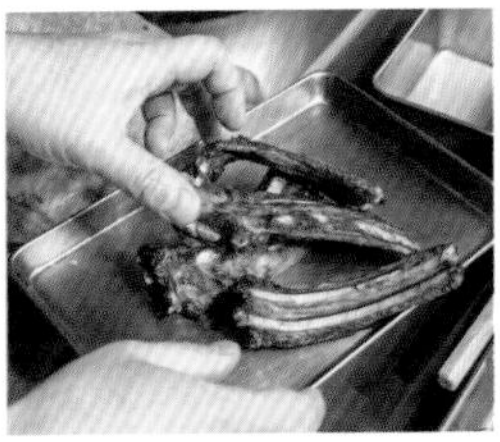

2 取出骨頭。

3 溶出的油脂保留在容器中。

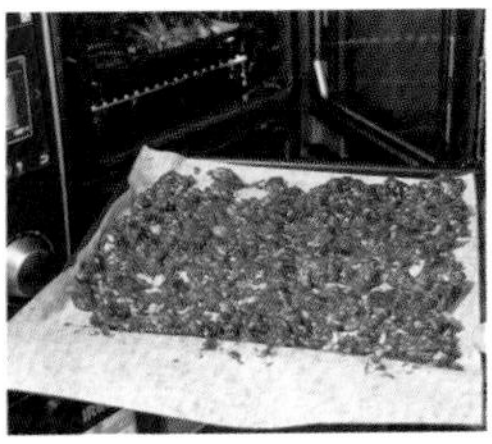

4 野豬絞肉和鹿絞肉分別平攤在鋪了烘焙紙的烤盤上，放進蒸氣烤箱（設定 260 ℃、溼度 50%）烤 10 分鐘。

5 烤製完成的絞肉。

6 烤出的肉汁倒入 3 的容器中。

* 在急速冷凍機的作用下，存放在 3 容器中的液體經過冷卻凝結的脂肪只需去除掉，就能變回原本的高湯。

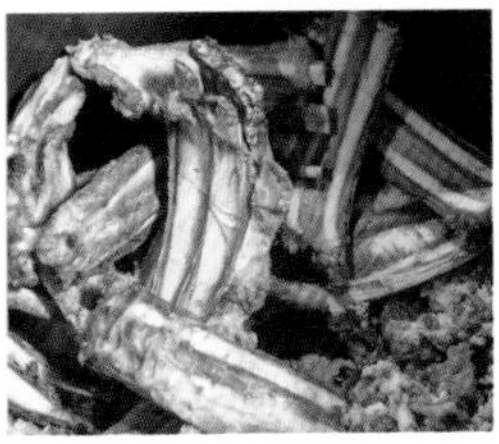

7 將 2 的骨頭和 5 的兩種絞肉一起放入鍋中。

8 倒入昆布高湯。

9 再加入料酒、生薑、大蒜、蔬菜外皮、乾香菇等，開大火熬煮。

10 沸騰後轉小火，火候控制在冒著氣泡的程度繼續加熱。

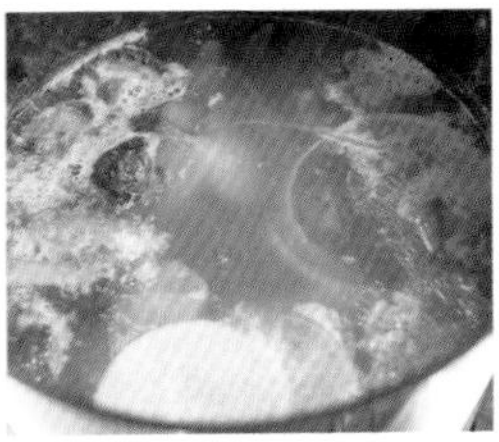

11 撈除浮沫，再接著煨煮 40 ～ 50 分鐘。

12 用隔著烘焙紙的濾網過濾高湯。完成的高湯隔冰水冷卻後，需再過濾一遍，去除凝結的脂肪。

野豬肉關東煮

分別煮熟白蘿蔔和胡蘿蔔，最後倒入高湯蓋過食材，搭配野豬肉丸一起享用。這算是一道拼盤料理，但料理名稱既為「關東煮」，原本「奢華」的料理似乎也變得「平易近人」了呢。

材料

白蘿蔔（去皮）…………40g（1 人份）╳ 8 塊

A

- 野味高湯（參照 p.74）………………500mℓ
- 鹽（海鹽）……………………………………6g
- 味醂………………………………………7.5mℓ

金時胡蘿蔔……………15g（1 人份）╳ 8 塊

B

- 野味高湯（參照 p.74）………………100mℓ
- 金時胡蘿蔔高湯＊……………………100mℓ
- 淡口醬油…………………………………20mℓ
- 味醂………………………………………10mℓ

野豬肉丸（方便製作的分量）

- 野豬絞肉…………………………………500g
- 野豬肉（切成 7mm 的小丁）…………400g
- 野豬肉的油脂（切成 7mm 的小丁）…300g
- 鹽（海鹽）………………………………15.5g

C

- 生薑（切細末）…………………………50g
- 青蔥（切蔥花）…………………………50g
- 鹽漬黑胡椒粒（切細碎）………………15g
- 櫻味噌……………………………………20g

火鍋高湯

把白蘿蔔煮熟後的湯汁與野味高湯混合，以鹽、淡口醬油調味，將鹽分濃度調整至 1.05 ～ 1.08%。

芹菜（菜梗部分切成 1cm 的長度）

………………………………1 人份 10g

七味唐辛子……………………1 人份 0.5g

＊金時胡蘿蔔高湯：

①將金時胡蘿蔔的外皮與蒂頭放進食物調理機中絞碎。

②以昆布高湯 10：胡蘿蔔 1 的比例，放進鍋中熬煮約 10 分鐘，完成後過濾。

1 煮白蘿蔔。削皮，切成塊狀，各40克的大小，放入耐熱容器中，加入A的野味高湯，放進蒸氣烤箱（設定98℃、溼度100%）加熱1小時。等白蘿蔔變軟後，加入A的鹽與味醂，再接著加熱5分鐘後，在常溫中放置30分鐘。冷卻後靜置一晚。

2 煮金時胡蘿蔔。金時胡蘿蔔削皮，隨意將胡蘿蔔切成不規則形狀（約15克）。放進耐熱容器中加入B的野味高湯和金時胡蘿蔔高湯，放進蒸氣烤箱（設定98℃、溼度100%）加熱15分鐘。等胡蘿蔔變軟後，加入B的淡口醬油與味醂，在常溫中放置15分鐘。冷卻後靜置一晚。

3 製作野豬肉丸。將經過冷藏的野豬絞肉、切小丁的野豬肉丁與油脂灑上鹽，在產生黏性之前迅速揉捏混合在一起。加入C，繼續揉捏混合。捏出1顆約15克的丸子形狀。

4 起一小鍋，一塊接一塊放進1的白蘿蔔和2的胡蘿蔔，倒入80毫升左右的火鍋高湯加熱。

5 將3的肉丸放進蒸氣烤箱（設定85℃、溼度100%）加熱8分鐘。

6 4沸騰後關火，盛上兩顆5的肉丸。加入芹菜，灑上七味唐辛子。

◎生火腿雞汁高湯

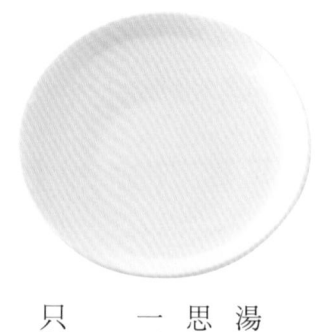

不依賴昆布也能製作出美味高湯？這道生火腿雞汁高湯就是我在思索的過程中，腦力激盪出的其中一道湯品。

不必要的油脂務必去除乾淨，只留下生火腿的鮮味。

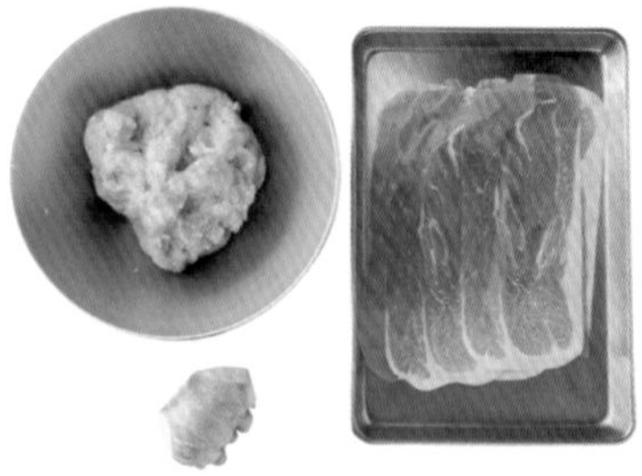

材料

生火腿（切薄片，去除脂肪）……………………15g
雞胸絞肉（去除雞皮、筋膜、脂肪後）………………100g
水……………………………………………………950mℓ
料酒…………………………………………………50mℓ
生薑（帶皮切成稍厚的薑片）……………………1 小片

＊ 此處使用的生火腿可選擇便宜的帕爾瑪火腿。
＊ 可用 3g 的番茄乾代替生薑，口感會更好。但必須在前一天就先把番茄乾浸泡在水中，其餘與下述作法相同。

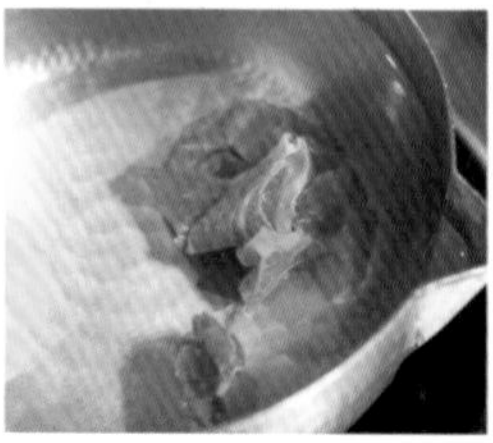

1 鍋中放入水、料酒、生火腿、生薑。

2 將雞絞肉撥散入鍋，開火。

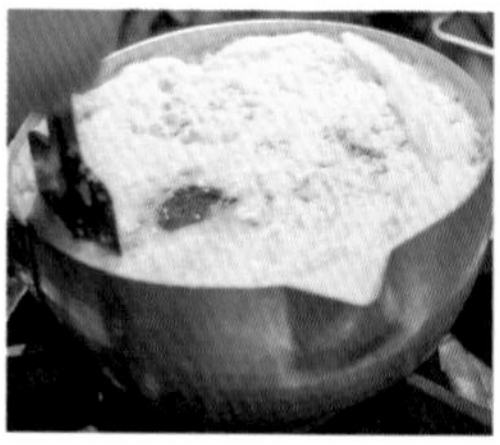

3 不時攪拌一下，注意別讓絞肉燒焦黏鍋。

4 讓火候保持在冒泡的大小，加熱2～3分鐘。

5 用隔著烘焙紙的濾網過濾高湯。

6 從濾網上方用力擠壓剩餘的湯汁精華。高湯隔冰水冷卻，待油脂凝結後再次過濾。

高湯科學

生火腿因長期處於熟成狀態，在蛋白質酵素的分解下，形成了大量的麩胺酸。因生火腿本身已含有鹽分，用量太多會使鹹味過重，只須像這裡一樣搭配雞肉、好好利用鮮味的相乘效果來完成即可。

燉蕪菁

一道簡單的料理，能感受到高湯的鮮活滋味。

材料

蕪菁……………………2顆
生火腿雞汁高湯（參照p.78）………200mℓ
淡口醬油…………20mℓ
鹽（海鹽）……………1g
Majiyaqris起司（マジヤクリチーズ）（吉田牧場產）……………少許
柚子皮（切細絲）‥少許

1 蕪菁切六角形，放進耐熱容器中加入生火腿雞汁高湯，湯面鋪一張烘焙紙，蓋上鍋蓋送進蒸氣烤箱（設定98℃、濕度100％）加熱20分鐘，直到蕪菁變軟。

2 在1中加入薄口醬油與鹽，等調味料融化後冷藏靜置半天～1天，能讓蕪菁更入味。

3 再次加熱2，連同高湯一起盛盤。以柚皮細絲點綴，最後灑上刨成屑狀的起司。

◎番茄高湯

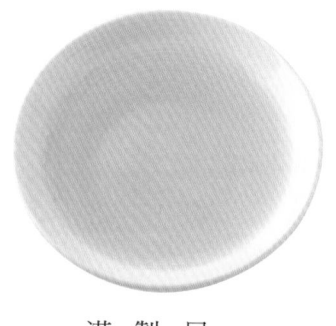

不使用昆布，只以番茄進行熬製，這是一道充滿麩胺酸的高湯。

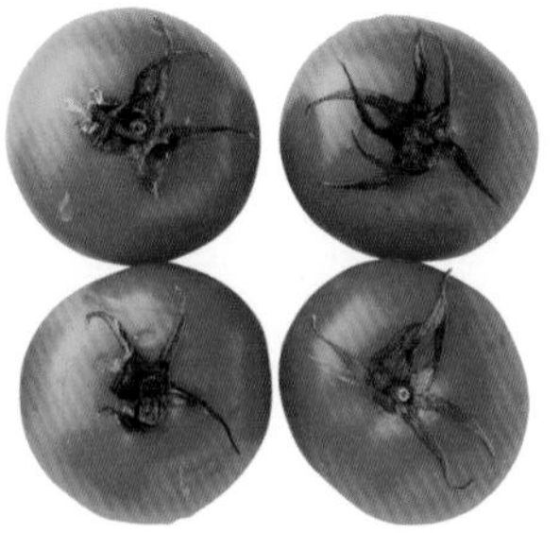

材料

番茄……適量
鹽（海鹽）…番茄重量的0.5%

高湯科學

番茄是以富含麩胺酸而出名的果實。僅以番茄熬煮出的高湯，除了醇厚的口感和豐富的麩胺酸外，酸味和番茄的香氣也相當濃郁。若能搭配其他用料熬製，可運用的範圍也會更廣泛吧。

1 去除番茄的蒂頭，加入番茄重量0.5%的海鹽後，放進食物調理機打成泥狀。再用隔著烘焙紙的濾網過濾（自然滴落的汁水）。

＊殘留在濾網裡的番茄泥可和甜醋醬搭配做成番茄凍。

炭烤鰆魚佐番茄醬汁

魚肉裹上充滿麩胺酸的醬汁一起食用，入口後會感受到相乘的風味。

材料

鰆魚……1人份50g
鹽……鰆魚重量的1.2%
番茄醬汁（方便製作的分量）
- 番茄高湯（參照上述）……100mℓ
- 水……100mℓ
- 魚汁（魚醬）……15mℓ
- 葛粉水……20mℓ

番茄（熱水燙熟後去皮，切成丁狀）……1人份15g
青紫蘇葉（切7mm方形）……適量
檸檬皮（切5mm方形）……適量

1 鰆魚切50克大小，抹鹽後以平面竹籤串起，常溫中靜置1小時。大火將表皮烤出焦黃色，稍等一會兒後再以大火快速炙烤魚身，反覆幾次將鰆魚烤至半熟，對半切開。

2 製作番茄醬汁。番茄高湯加水稀釋，倒入鍋中加熱。加入魚醬調整味道後，再以葛粉水勾芡。

3 將1的鰆魚盛盤，淋上2的醬汁。加入切丁的番茄、青紫蘇葉、檸檬皮點綴。

「木山」

木山義朗

木山義朗

一九八一年生於岐阜縣。十九歲加入京都的「和久傳」集團。六年後，以二十五歲的年紀成為京都車站內餐飲店「Hashitate」（はしたて）的料理長；二十九歲升任「京都和久傳」的料理長。任職十六年後終於獨立創業，於二〇一七年擁有了自己的餐廳「木山」。

餐廳的一大特色就是會在用餐客人面前現刨削魚乾片，現煮高湯，這個動作也代表了將日本飲食文化傳承下去的希冀。昆布和魚乾片的供應來源同樣延續他在「和久傳」時代的傳統，始終沒有改變過。

在顧客面前刨削魚乾片，與昆布高湯混合熬煮，這就是本店的一番高湯風格。使用的是從店內水井中打出來的井水。正因為有這口水井，讓高湯有了立足的根本。

昆布選用禮文島・深香產的利尻昆布，魚乾片則是將鰹魚乾（荒節、本枯節）和鮪魚乾搭配使用。至於比例，還得看魚乾片、水和昆布的狀態，還有當下椀物使用的配料而決定。

店裡常備的就是這三種魚乾片的雄節（背節）和雌節（腹節）。經常有人詢問雄節和雌節的味道有何不同，真要說起來，我想最大的差別或許是每一塊鰹魚的狀態吧。所有的魚乾片都經過日風曬乾的過程，因此理所當然地味道多少都有一些差異。

正因為每種魚乾片的味道各有不同，如果不加以混合，所有高湯都只會有一種魚乾片的味道。使用酸味較強的魚乾片，就會熬製出酸味鮮明的高湯；使用鹹味較強的魚乾片，製作出來的就是偏鹹的高湯。但多一道混合的步驟，不僅能使高湯的口感更平衡，也盡可能貼近了我理想中的高湯風味。當然若是有幸遇到了無可挑剔的魚乾片，以它作為主角也未嘗不可。

本店的鰹魚乾（荒節、本枯節）、鮪魚乾隨時各備有三十塊左右，不管進貨時收到怎樣的魚乾片、搭配的是怎樣的配料，都能巧妙的加減用量，找出最合適的應對方式。

◎昆布高湯

使用的是禮文島深香產的利尻昆布（「奧井海生堂」窖藏三年等級）。因長時間存放在昆布倉庫中細心保管，昆布本身的臭味和海腥味都已去除了。

材料

昆布（利尻昆布）
　⋯⋯65～70g＋25～30g
水（井水）⋯⋯⋯⋯5000mℓ

1 鍋中倒入定量的水與65～70g的昆布，開火熬煮。

2 以85℃熬煮1小時15分鐘。試試味道，覺得可以的話就撈出昆布。

3 沸騰後撈除浮沫。

4 關火，重新加入25～30g的昆布，靜置15～30分鐘後再確認味道，撈出昆布。

高湯科學

跟真昆布或羅臼昆布相比，利尻昆布的麩胺酸含量確實較少，但有別於其他昆布的香氣，仍讓它受到京料理＊喜愛而被廣泛使用。窖藏雖無法增添鮮味成分，卻能讓昆布本身的臭味和海腥味得以揮發，伴隨著梅納反應還會讓昆布多一分促進胃口的迷人氣味。

＊ 編註：京料理是日本關西地區京都口味的料理方式，是歷史最久遠的地方料理。

刨削魚乾片

營業前，先將魚乾準備好

所有的魚乾都會在開門營業前，先將待削的一面整理好。在面對顧客時，便能依來客人數刨削魚乾片、熬製高湯。刨削魚乾的概念，有點像是「用魚乾刨削器來調整味道」，也就是用魚乾刨削器來為高湯調味。在魚乾上做好選擇與調配，再好好運用刨削器，即使不添加任何調味料，也能調整高湯的味道。

每一塊魚乾的硬度（含水量）和脂肪分布都不同，刨削時遇到較硬的部分當然得加大力道，而遇到柔軟的部分則會放輕力氣。一般來說，魚乾都是在斜放的狀態下進行刨削，這種削法的好處是刨削的面積小，不需要花太多力氣，不容易失敗便不會造成浪費。但我認為在相同重量下，把每塊魚乾片削得更寬大，熬製出的高湯也會更加美味，所以我選擇用自己的方式刨削。

魚乾靠近頭部和尾巴部分的味道不盡相同，不過只要將魚乾片削長一點，味道即可統一，缺點在於這種刨削法需花費更多力氣，也很容易失手。若是刨削器用起來不夠順手，就沒辦法削出理想的魚乾片了，所以刨削器的刀片厚度和鋒利度都相當重要。魚乾變薄之後，會接著從側面刨片，最後剩下的再請業者幫忙用機械刨削，可用在員工餐上。

魚乾片的厚度不是愈薄愈好，也不是愈厚愈好。即使是同一塊魚乾，仍會因刨削的厚度而有不同的變化，最重要的是高湯的味道也會因此改變，所以魚乾片的厚度同樣能調整味道。說得再淺顯易懂一點，就是味重帶有刺激性的要盡量削薄，而味道清淡高雅的魚乾則要稍微削厚，以增加厚實感。魚乾與刨削方式，是決定高湯味道兩大關鍵。

◎一番高湯（清湯）

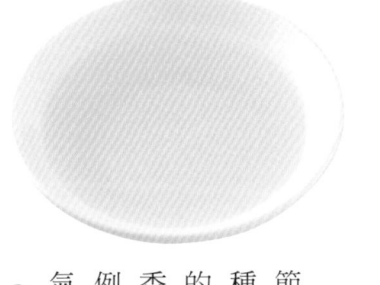

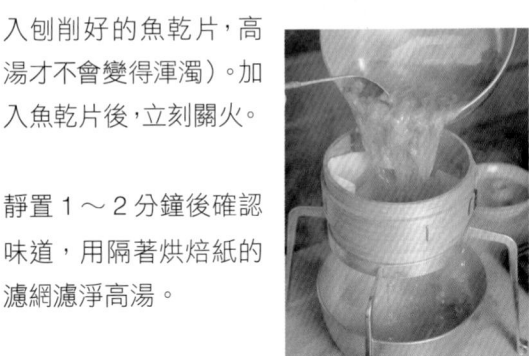

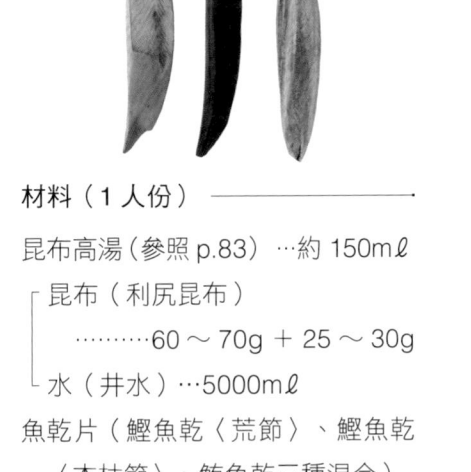

混合了鰹魚乾（荒節、本枯節）和鮪魚乾使用，是因為這三種魚乾各有不同的功能，要舉例的話，大概是每種魚乾的味道與香氣都體現在不一樣的地方吧。例如掀開碗蓋時，冒出的氤氳香氣來自沒有黴菌附著的鰹魚乾（荒節），入口後帶來悠長餘味的是本枯節，而將口中溢散的氣味與鮮甜等整體味覺擰緊的，我想就是鮪魚乾了。光是將這三種魚乾片混合在一起，就能產生極具深度的醇厚滋味，幾乎不需要再另外加入調味料。

我會將熬製完成的一番高湯倒入小小的酒盅裡遞給顧客，請顧客感受高湯迷人的香氣。

不管是以昆布作為主角的高湯，還是其他清淡的湯頭，都會依季節、食材等因素做出相應的調整，這次主要使用在甘鯛的椀物上，為了不讓風味起衝突，會盡量減少鰹魚乾的用量。如果換成煮嫩筍之類的料理，就要多加一點鰹魚乾了。

＋

材料（1人份）

昆布高湯（參照p.83）…約150mℓ
- 昆布（利尻昆布）……………60～70g＋25～30g
- 水（井水）…5000mℓ

魚乾片（鰹魚乾〈荒節〉、鰹魚乾〈本枯節〉、鮪魚乾三種混合）……………共計8～10g

＊昆布高湯約150mℓ、魚乾片8g加在一起過濾後，大概可熬製出120～130mℓ的高湯，這是1人份椀物的用量。

1 依照p.83的作法熬製昆布高湯。

2 削好三種魚乾片備用。

3 決定好2的用量比例，仔細計算用量同時放入加熱至80～90℃的昆布高湯中（先把沾黏在周圍的碎屑掃落，只加入刨削好的魚乾片，高湯才不會變得渾濁）。加入魚乾片後，立刻關火。

4 靜置1～2分鐘後確認味道，用隔著烘焙紙的濾網濾淨高湯。

甘鯛與蕪菁的椀物

椀物會因選用的配料不同，徹底改變高湯的深淺濃淡。這一道料理已經有了甘鯛的鮮味和蕪菁的清甜，高湯裡的鰹魚乾就不需太彰顯存在感，而是在作為基底的昆布高湯中以鮪魚乾為重心，再加入本枯節調整平衡。至於荒節，因為只想運用在掀蓋時散發的香氣上，只會添加一點點。

材料

甘鯛……適量
聖護院蕪菁……適量
油菜……適量
柚子皮……適量
一番高湯（參照 p.85）……適量
青味底料（一番高湯中加入料酒、鹽、淡口醬油調味）……適量
鹽、料酒、淡口醬油、葛粉……各適量

1 甘鯛以清水洗淨後三切魚片，除去魚骨，抹鹽待入味後切塊。
2 油菜清洗乾淨後切成適當大小，熱水燙熟後瀝乾水分，浸泡在青味底料中。
3 柚子皮切小丁。
4 蕪菁切成直徑9公分大小的圓柱體，再削成1公釐厚度的薄片，熱水汆燙後瀝乾水分，浸泡在青味底料中。
5 將1裹上葛粉，在熱水中稍微汆燙一下立刻放入冰水中冷卻，瀝乾水分。移至平底盤灑上料酒，以100℃蒸5分鐘。
6 湯碗中盛入5、2、3，接著把4疊放上去。
7 加熱一番高湯，以料酒、鹽、淡口醬油調味後，倒進湯碗中蓋過6的食材。

◎香魚高湯

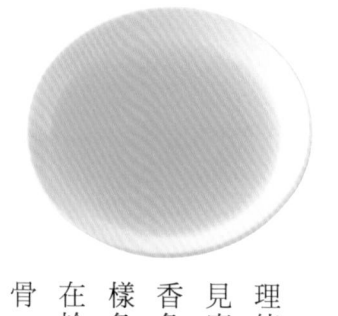

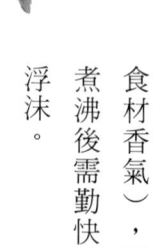

基本上，日本料理使用的都是清澈可見底的高湯，但這道香魚高湯卻像白湯一樣色白而渾濁。重點在於使用炙烤過的中骨（去除腥臭，增添食材香氣），以大火煮沸後需勤快地撈除浮沫。

材料

香魚的中骨……………………20 條
水（井水）……………… 600mℓ
料酒………………………… 200mℓ
昆布（利尻昆布）…………10g

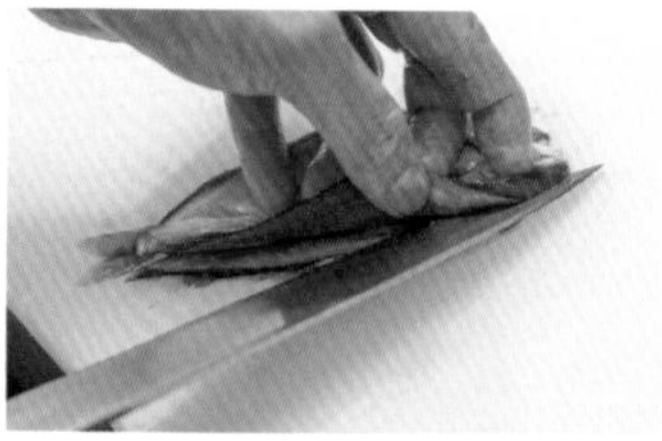

1 香魚開背，取出中骨（魚身抹鹽經過一夜風乾，作為料理使用）。

2 以炭火炙燒香魚中骨。

3 因為容易燒焦，必須不時翻面，讓香魚兩面都烤出焦香味。

4 3 的中骨放入鍋中，加入上述分量的水、料酒、昆布，開火熬煮。

5 熬製過程中，若出現浮沫即馬上撈除（高湯容易變得渾濁，必須不時撈除鍋中冒出的浮沫）。

6 讓火候維持在冒泡的大小，繼續熬煮 20 分鐘。

高湯科學

和鯛魚或扁口魚相比之下，香魚的麩胺酸含量更豐富。以炭火炙烤後，會在梅納反應的作用下，成為一道香氣勾人的高湯。

7 把鍋子從火爐上移開，讓高湯靜置冷卻。

8 用隔著烘焙紙的濾網過濾高湯。

9 再次開火，讓8再稍微熬煮一下。

香魚一夜干與鍋巴

把熬煮得如白湯的香魚高湯當作醬汁，搭配中華鍋巴的一道料理。不需另外添加胡麻油之類的油脂。

材料

風乾一夜的香魚……適量
鍋巴……適量
鷹峯辣椒……適量
香魚高湯（參照 p.88）……適量
淡口醬油、鹽……各適量
葛粉……適量
青味底料（一番高湯〈參照 p.85〉中加入料酒、鹽、淡口醬油）……適量
油炸用油……適量

1 用炭火將風乾一夜的香魚兩面烤熟。
2 鷹峯辣椒去籽，放入180℃的熱油中迅速過油，浸泡在青味底料中。
3 用加熱至200℃的熱油炸鍋巴（若油溫太低，在形成鍋巴前就燒焦了，要特別注意）。
4 將3的鍋巴、切成好入口大小的1、切成圈狀的2一起盛放在溫熱的餐盤中。加熱過的香魚高湯加入淡口醬油、鹽調味，最後以葛粉水勾芡。

◎螢火魷高湯

螢火魷具有極強烈的鮮味，但外表看來只是一般的食材，我一直在摸索該怎麼做才能只提取螢火魷的味道，這一道高湯便是成果。

材料

螢火魷……300g
水（井水）……1ℓ
昆布（利尻昆布）……5g

1 把經過汆燙的螢火魷眼睛、嘴巴和軟骨清理乾淨，適當劃幾刀。

2 1放入鍋中加水，接著放進昆布開火熬煮。

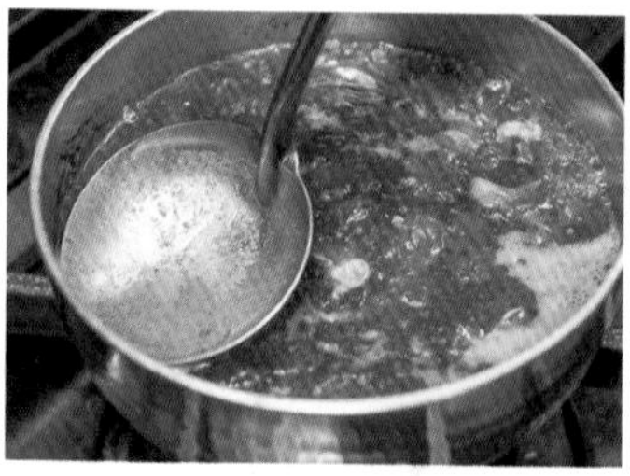

3 沸騰後撈除浮沫。

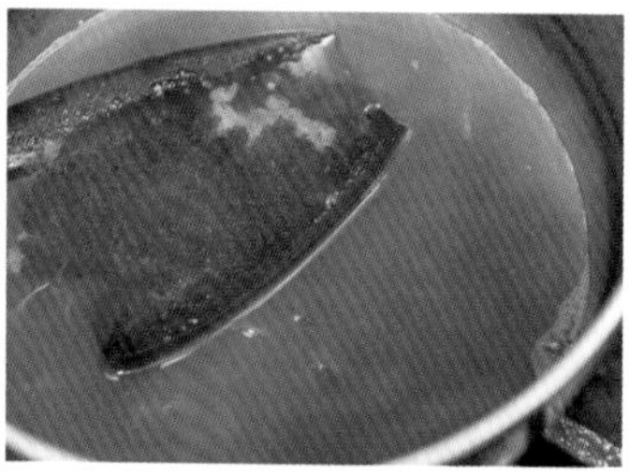

4 把火關小，繼續加熱20～30分鐘，確認味道。

5 煮出味道後，用隔著烘焙紙的濾網過濾高湯。

蒸鮑魚與螢火魷高湯蒸飯

使用螢火魷高湯入菜，即使看不見螢火魷的身影，也能做出飽含螢火魷美味的蒸飯。

材料

較硬的蒸飯……………………適量
螢火魷高湯（參照 p.90）
……………………………適量
軟煮鮑魚（見 p.211「冬瓜與夏季鮮貝」）…………適量
小松菜……………………………適量
淡口醬油…………………………適量
昆布高湯（參照 p.83）
…………適量（若有需要）
青味底料（一番高湯〈參照 p.85〉中加入料酒、鹽、淡口醬油）………………適量

1 熱水燙熟小松菜後，浸泡在青味底料中。
2 把煮軟的鮑魚切成適當的大小。
3 較硬的蒸飯放進鍋中，倒入螢火魷高湯淹過即可，用飯勺把米粒一顆顆分散開。
4 把3的鍋子移到爐上開火，拿飯勺確實拌勻，以中火熬煮（糯米芯煮至鬆軟膨脹，稍微帶點黏稠感會更好吃）。
5 在4的水分煮乾前試一下味道，以淡口醬油調味（味道過濃時，則加入昆布高湯調整）。
6 將5盛盤，再加入溫熱過的1與2。

◎鮮貝內臟高湯

貝類是鮮味極強烈的食材。清洗過的肝腸內臟等本該丟棄的部分，也可以用來熬煮成美味的高湯。

材料

貝類（滑頂薄殼鳥蛤、蠑螺、象拔蚌、牛角江珧蛤、日本鳳螺）的肝腸內臟……………………………………各兩顆

料酒、水（井水）……各適量（同量）

1 從殼中取出貝肉與內臟清理乾淨，貝肉、肝、腸各自分開（貝肉會在料理中使用）。

2 將1的肝腸部分一起放入鍋中。

3 料酒與水以1：1的比例倒入2的鍋中淹過材料，開火熬煮。

4 撈除熬煮過程中出現的浮沫，讓火候維持在冒泡的大小，加熱20～30分鐘。

5 煮出味道後關火，直接靜置冷卻，再用隔著烘焙紙的濾網過濾高湯。

冬瓜與夏季鮮貝

冬瓜與鮮味強勁的高湯非常契合。例如雞汁高湯或鰻魚高湯都是不錯的選擇，其中鮮貝高湯更是數一數二的搭配。↓211頁

◎甲魚高湯

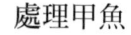

甲魚肉會使用在料理中或單純只用於熬製高湯，在高湯的作法上會有些許差異。若要食用甲魚肉，就得減少水和料酒的用量，改而在甲魚肉上調味，本店的甲魚只用於熬製高湯，所以會將甲魚身上的精華全部釋放出來。處理甲魚時，切記要將容易造成湯汁渾濁的魚身發黑部分和外皮去除乾淨，熬煮時確實撈除浮沫也是非常重要的一道步驟。

材料

甲魚…1隻（約800g）
水（井水）、料酒、濃口醬油…………………各適量

＊甲魚來自長崎縣島原產的養殖場。是隻800g的母甲魚。

處理甲魚

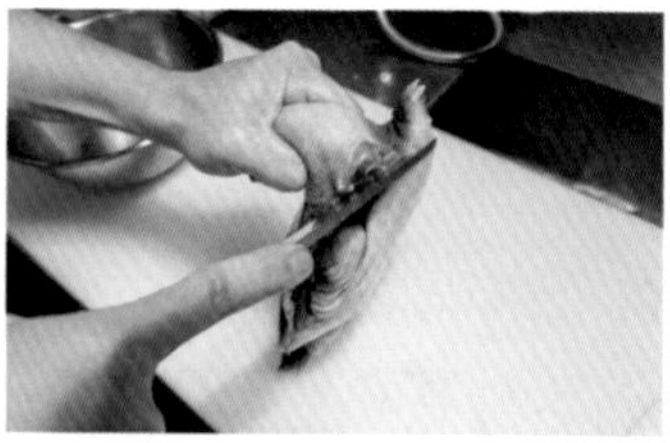

1 切除頭部。

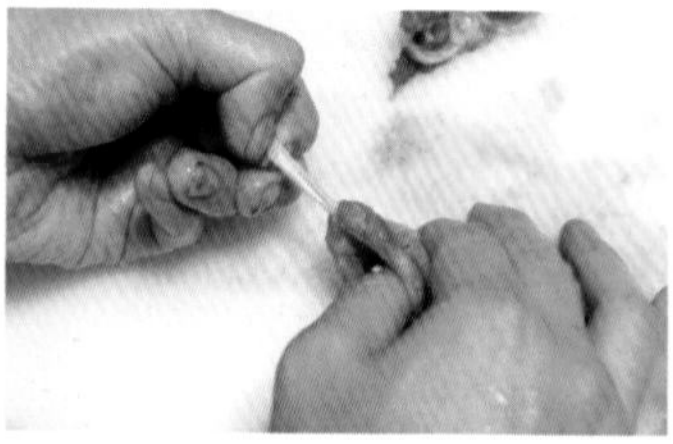

2 拔除食道。

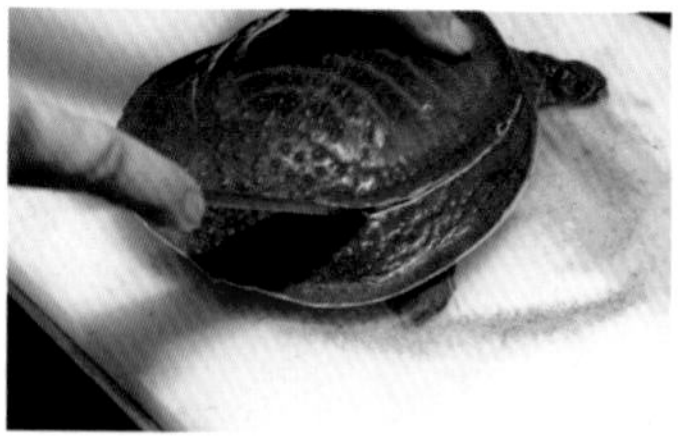

3 留下裙邊，用刀在外殼上劃圓。

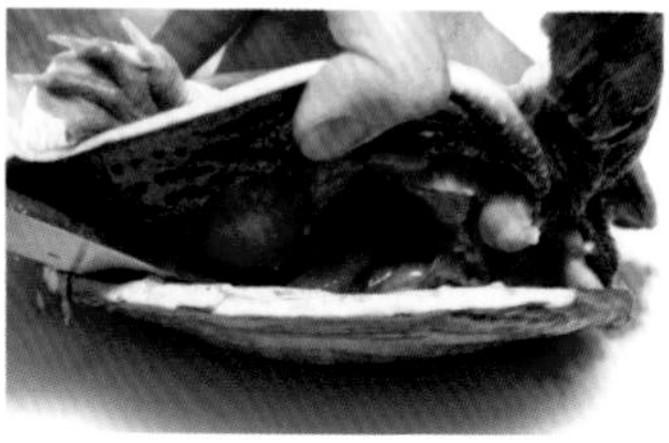

4 像要從甲殼內側破開般，將菜刀插入其中。

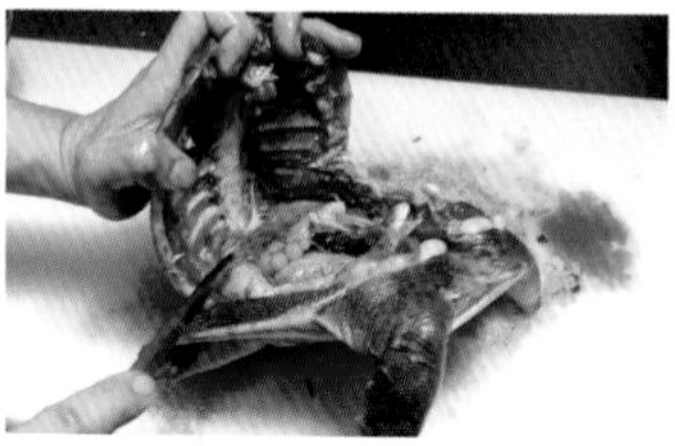

5 剝開外殼。

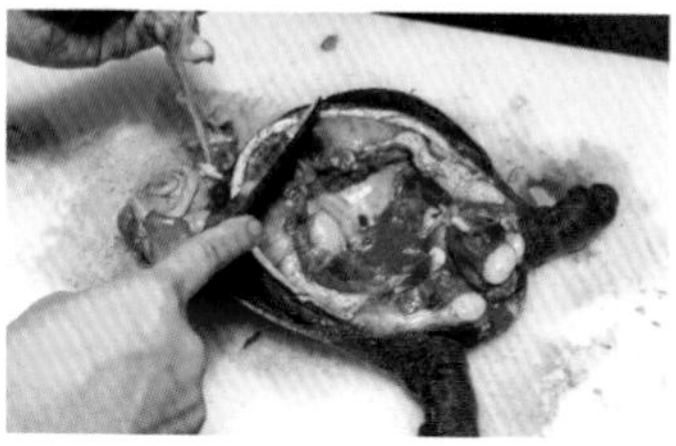

6 把多餘的內臟和魚身上發黑的部分清理乾淨（脂肪是美味的來源，可適當留下部分）。

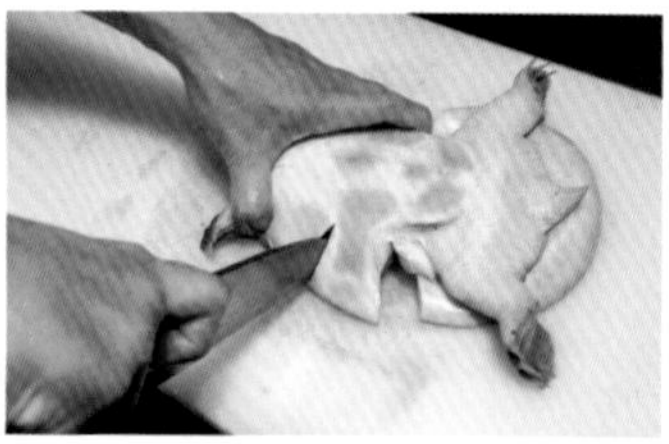

7 在腹甲的左右兩側各開兩個洞。

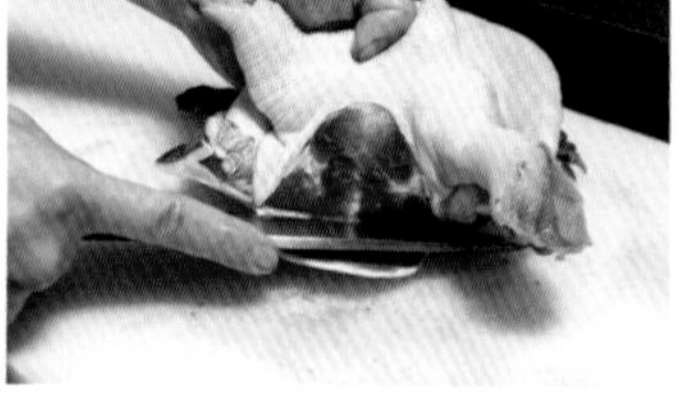

8 像要削掉中央的圓型部分，將菜刀切入。

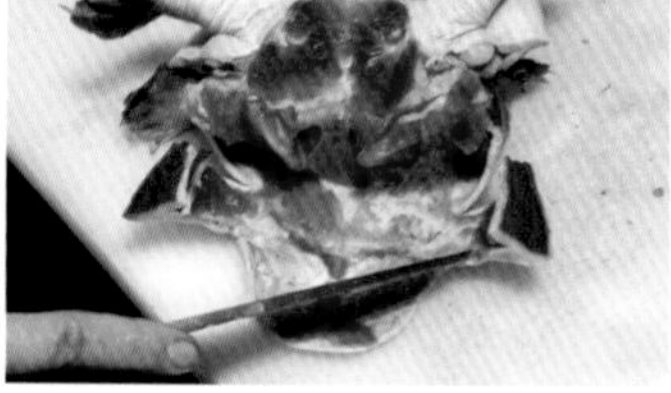

9 用菜刀固定腹甲，左手撕下甲魚肉。

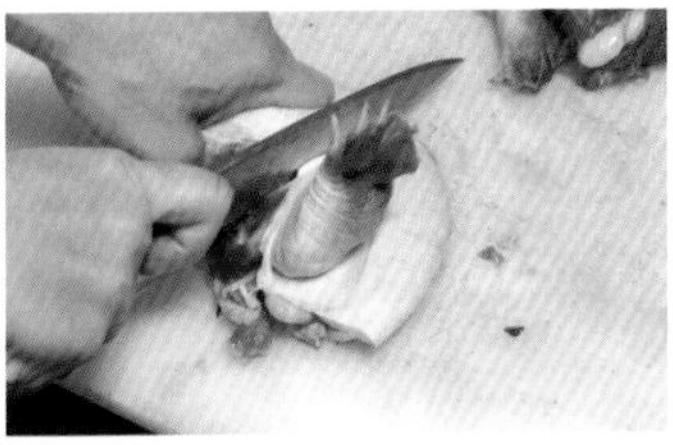

10 斬斷腳部。

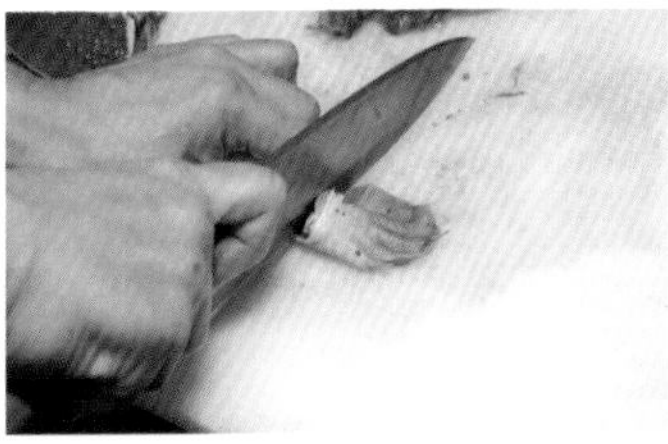

11 去除腳趾。

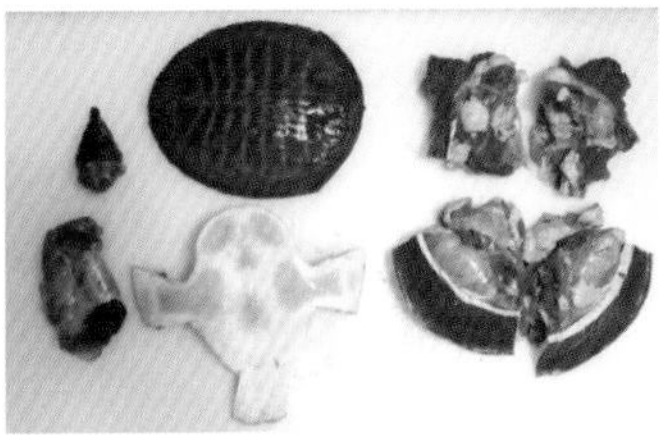

12 處理完成的甲魚。

甲魚高湯

1 處理好的甲魚用清水仔細洗淨後放血。

2 用 80℃的熱水汆燙。

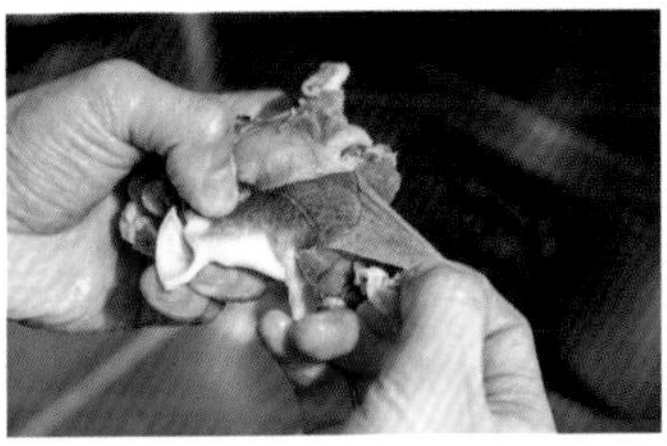

3 去除甲魚皮。

4 腹甲也下鍋汆燙。

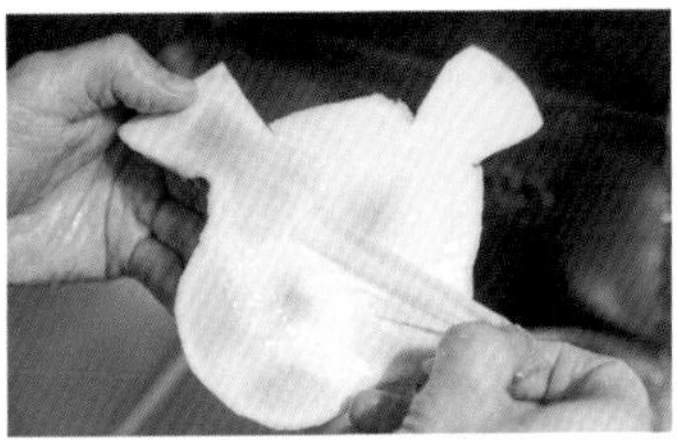

5 去除皮膜。

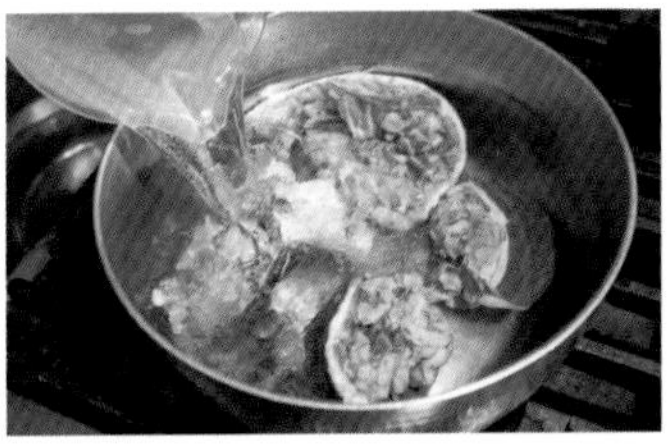

6 清理乾淨的甲魚放入鍋中，加水、料酒。

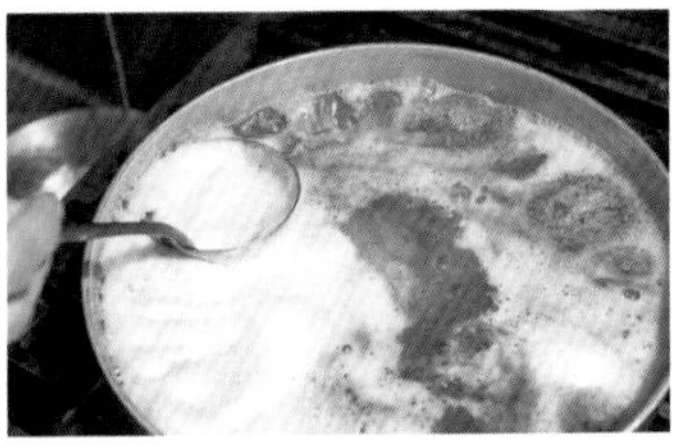

7 大火熬煮，沸騰後再繼續煮 10 分鐘，這時會不斷冒出浮沫，浮沫一開始是帶血的紅色，慢慢會變成白色（這裡一定要仔細撈除浮沫，否則就沒辦法變成透明清澈的高湯）。

8 直到不再出現浮沫後轉小火，再繼續加熱 15～20 分鐘左右，加入少許濃口醬油。

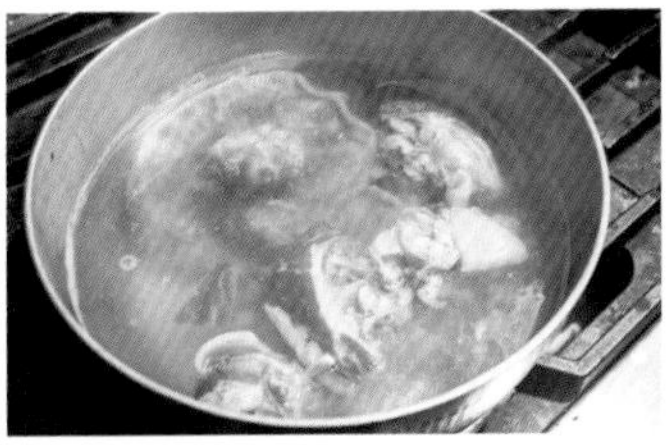

9 關火。在冰箱中靜置一晚，做成魚湯凍使用。

松葉蟹與甲魚湯凍

選用在間人港～濱坂捕獲的產地水煮松葉蟹。將清澈且滋味豐富的甲魚高湯以煮成湯凍的方式代替明膠來讓這道料理更加完善。如何調整凍湯的硬度則是這道料理的樂趣所在。

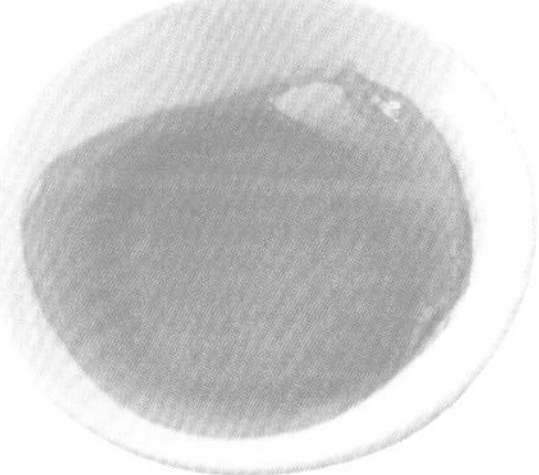

材料

松葉蟹（1～1.2kg，產地水煮）……適量
甲魚的裙邊（依照p.95的作法，熬製過高湯的湯渣）……1隻份
甲魚高湯（參照p.94）……2000mℓ
淡口醬油、濃口醬油……各適量
生薑（薑絲）……少許

1 95頁的甲魚高湯熬製完成後，把湯渣中的裙邊全部拆卸下來（裙邊若黏在魚身上會使高湯變得渾濁，需多加注意）。

2 鍋裡放入一公升的水和1的裙邊，開中火熬煮到水量剩下原本的1/3，拿濾網過濾（撈出裙邊）。

3 另起一鍋倒入二公升的甲魚高湯，再加入2的高湯。

4 開火加熱3的湯鍋，用濃口醬油和淡口醬油調味。倒到其他容器中，在冰箱裡冷藏一晚做成湯凍。

5 將產地水煮的松葉蟹肉撕開，以生薑拌和。

6 把5的松葉蟹和2的裙邊盛盤，湯匙舀出4的湯凍疊在上頭。

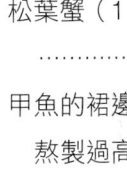

◎起司高湯

我每年都會參加和西班牙．加泰隆尼亞廚師們一起舉辦的料理活動，這道高湯就是在他們的傳授下學來的。想讓起司獨特的濃烈香氣和鮮味變得溫和，我想加入雞蛋會是不錯的方法。運用在日式料理上時，選用帕馬森起司應該更為適合。

材料

帕馬森起司（非真空包裝＊）……100g

水（井水）……1000g

＊非真空包裝的起司更具風味。

1 帕馬森起司切成5mm的丁狀。

2 將1放入鍋中，倒入水。

3 用保鮮膜密封後，開火熬煮。小火（或是設定90℃的蒸氣烤箱）加熱1小時。

4 把3從爐火上移開，靜置冷卻後，再用隔著烘焙紙的濾網過濾高湯。

5 起司的鮮味已融化在高湯中。

高湯科學

帕馬森起司含有極為豐富的麩胺酸，在義大利甚至會在肉湯（高湯）中加入起司的外皮。雖然可以靠煨煮起司熬製高湯萃取其中的麩胺酸，但以起司為原料的高湯最大的問題就是含有鹽分。起司中的含鹽量對高湯的完成度影響甚大，在熬製高湯前務必仔細確認起司中的鹽分含量。除了帕馬森起司外，其他起司同樣也含有大量麩胺酸，可依不同的起司風味選擇適合加入料理的起司。

帕馬森起司蒸海膽

利用起司高湯來增添茶碗蒸的鮮味，醬汁同樣以起司高湯作為基底。

材料

雞蛋……1顆（調配比例）
起司高湯（參照 p.98）
…………2.5（調配比例）
淡口醬油、鹽…………各適量
無翅豬毛菜………………適量
葛粉…………………………適量
青味底料（一番高湯〈參照 p.85〉中加入料酒、鹽、淡口醬油調味）……適量
生海膽………………………適量
紫蘇花穗……………………少許

1 以雞蛋1：起司高湯2.5的比例拌勻，加入淡口醬油和鹽調味後，將蛋液過篩。

2 1倒入模具中，放進蒸氣烤箱蒸熟，待餘溫散去後放冰箱冷藏。

3 熱水燙熟無翅豬毛菜，瀝乾水分後，浸泡在青味底料中。

4 起司高湯倒入鍋中開火，以鹽和淡口醬油調味，加入葛粉水勾芡，隔冰水冷卻。

5 把2從模具中倒出盛盤。疊上海膽，從上方淋下4，3的無翅豬毛菜擺在旁邊，最後灑上紫蘇花穗點綴。

◎玉米高湯

以水、昆布和玉米芯一起熬煮。煮透了之後，整鍋高湯就像加了砂糖般香甜迷人。

材料

玉米芯（北海道產的黃金玉米）……5根
水（井水）……適量
昆布……15g

＊先將玉米外側的綠皮剝除，蒸熟。待冷卻後用菜刀刨下玉米粒（玉米粒會在料理中使用），將玉米芯切成兩段。

1 玉米芯放入鍋中，倒入比蓋過食材再多一點的水量，放入昆布。

2 開火熬煮，將火候控制在冒著氣泡的程度，加熱30分鐘左右（也可以用保鮮膜密封）。適時撈除熬煮過程中出現的浮沫。

3 確認味道，等煮出味道後即可關火（不用太拘泥加熱時間，但一定要確認味道）。用隔著烘焙紙的濾網過濾高湯。

白玉難波玉米湯（餐後甜點）

不需加入其他多餘的調味。玉米芯熬煮出的高湯，加上玉米粒絞碎後的甜玉米汁，就連玉米的薄膜都沒有一絲浪費的用上了，這是一道完完整整的玉米甜品。

材料

玉米粒（黃金玉米）……適量
玉米高湯（參照上述作法）……適量
白玉粉（日式糯米粉）…適量

1 玉米粒倒入食物調理機中打碎，將玉米汁和薄膜分開。

2 將1的薄膜平攤在鋪了烘焙紙的烤盤上，用瓦斯爐（或設定低溫的烤箱）烤至酥脆。

3 大碗裡倒入1的玉米汁和冷卻後的玉米高湯攪拌混合。

4 12克的白玉粉加入約8毫升的水揉搓出3顆7克大小的白玉糰子。用玉米高湯燙熟（染上玉米的清香），再放入另外準備好已冷卻的玉米高湯中降溫。

5 把3倒入碗中，加入4的白玉糰子，灑上2的薄皮脆片增添口感。

◎蕈菇高湯

新鮮蕈菇搭配昆布加水，慢慢加熱便能熬出鮮味強勁稠滑的高湯。這裡使用了七種蕈菇，滑菇和金滑菇是為了高湯的黏稠度，所以一定得加入，但若是加了太多恐怕會破壞高湯的平衡，需要注意。

熬製完高湯後，蕈菇便沒了味道，無法再當作食材使用，但仍可以搭配高湯做成佐味的醬汁。

材料

蕈菇（白靈菇、滑菇、舞菇、秀珍菇、占地菇、金針、金滑菇＊）…………各一袋
水（井水）………………適量
昆布…………………………15g

＊因應產季不同，加入繡球菌也相當美味。

1 切除蕈菇蒂頭，切成適當大小。

2 1放進鍋中，倒入比蓋過食材再多一點的水量，放入昆布，開火。

3 沸騰後撈除浮沫，用保鮮膜密封，將火候控制在冒著小泡的程度，加熱2小時左右。

4 加熱後（昆布熬煮出味道後，即可取出）。

5 用隔著烘焙紙的濾網過濾高湯。

6 帶有黏稠感，充滿鮮味的高湯。

高湯科學

生蕈菇的鮮味成分來自麩胺酸，而不是單磷酸鳥苷。蕈菇本身的香氣也是一大賣點，可依自己對香氣的喜好選擇。

毛蟹與毛豆豆腐、蕈菇高湯

味道濃郁的蕈菇高湯搭配毛豆的清香與胡麻豆腐的層次感，就用毛蟹的鮮味將所有美好的滋味串聯起來吧。

材料

毛豆豆腐

- 毛豆、鹽、水、料酒、葛粉、芝麻醬、淡口醬油……各適量
- 北海道毛蟹……適量

石耳……………………適量

清湯（一番高湯〈參照p.85〉加熱後，以料酒、鹽、淡口醬油調味）……………適量

蕈菇高湯（參照p.102）……………………適量

鹽、淡口醬油….各適量

1 製作毛豆豆腐。鹽水煮毛豆，去皮取出毛豆過篩，壓成糊狀。

2 大碗裡加入水、料酒、葛粉、芝麻醬，用攪拌器仔細混合攪拌均勻。

3 用細濾網過篩後，將2倒入鍋裡。

4 大火熬煮3的鍋子，同時不停攪拌，等到出現一點黏稠感後，轉小火用木頭鍋鏟繼續拌揉20分鐘左右。

5 在快要成形前加入1混合（毛豆糊若長時間加熱恐會變色，需注意），再以鹽和淡口醬油調味。

6 把5倒入模具中，放冰箱冷藏一晚固定形狀。

7 北海道毛蟹以100℃蒸40分鐘，取出蟹膏，從蟹殼裡挖出蟹肉。

8 石耳泡水恢復原樣，切除蒂梗清洗乾淨後用熱水汆燙，放入清湯中燉煮。

9 切一塊6加熱，與加熱後的7蟹肉、8石耳一起盛入湯碗中，上頭疊放蟹膏。加熱蕈菇高湯，以鹽和淡口醬油調味，倒入蓋過湯碗中的食材。

「日本料理 翠」

大屋友和

一番高湯無論如何都是作為基底的存在，我們盡力在每個月推出的套餐中改變一種甚至多種口味的高湯。經由更好的發酵技術，加入各式各樣的日本藥草，使香味多了更細緻的變化，不斷嘗試全新的可能性。

和西式料理相比，日本料理在食物香氣上確實極少有變化，所以我試著找出適合加入日本料理的香草，終於邂逅了生長於滋賀縣伊吹山，代代相傳的日本香草。因為原本就是日本本地的品種，即使運用在日本料理上，也能不費吹灰之力地融入其中。

大屋友和

一九七九年生於島根縣。曾在美術高中的設計科主修日本畫。二〇〇〇年開始在大阪的割烹餐廳「㐂川」研修學藝。在外任職十一年後，於二〇一一年獨立創業，在大阪・東心齋橋開了屬於自己的餐廳「翠」。

除了日本料理外，也會和其他類型流派的廚師等業界人士相互交流，吸收更多的料理知識與情報，期望能製作出充滿力量的料理，讓顧客獲得愉悅的享受。本店的一番高湯使用的是真昆布與本枯節，加熱方式和時間都會因應所需不斷改良。

◎昆布高湯

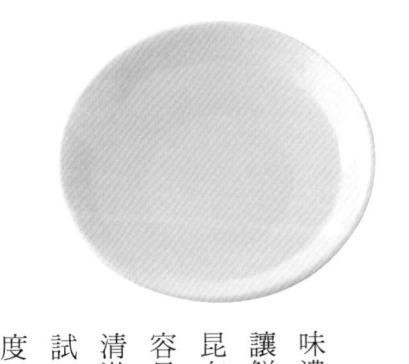

使用真昆布雖然能熬製出鮮味濃郁的高湯，但本店盡可能不讓鮮味的存在過於霸道。想用真昆布熬煮出味道細膩的高湯並不容易，究竟該怎麼做才能製作出清澈又爽口的高湯呢？經由反覆試驗後，終於確定了現在的溫度、時間和熬製方式。

材料

昆布（真昆布）…50g

水（山泉水＊）….2ℓ

＊使用的是箕面山的天然泉水

1 將昆布和水放入鍋中開火熬煮。以40℃加熱1小時後，再以80℃加熱30分鐘。

2 撈出昆布，沸騰後撈除浮沫。

＊長時間浸泡在水中的冷泡高湯會染上昆布的黏性和臭味。為了保持高湯的清澈度，所以選擇了這種熬製方式。但若加熱時間過長，高湯也會因此變色或出現黏性。

◎一番高湯

以萃取出真昆布清爽美味的昆布高湯為基底，僅加入本枯節高雅的風味與口感。為了讓顧客感受到真昆布的甘甜，鮪魚乾就免了，連帶有強烈存在感的荒節香氣也想直接省略。

剛熬製完成的高湯不會立刻投入使用，必須先經過急速冷卻等味道穩定下來後，再運用到料理中。

材料

昆布（真昆布）…………………40g
水（山泉水）……………………2ℓ
鰹魚乾（枕崎產本枯節）……20g

1 依照 p.105 標明的昆布和水的比例熬製昆布高湯，撈除浮沫後，關火等溫度降至 90℃時再加入鰹魚片。

2 等 10 ～ 15 秒（因為容易出現雜味，不要超過這個時間），用隔著烘焙紙的濾網過濾高湯。將熬製完成的高湯倒入存放容器中蓋上蓋子，浸泡在冰水中急速冷卻。靜置 1 ～ 2 小時等味道穩定下來後即可使用。

◎烏賊凍高湯

將食材全部打成液狀的魚凍湯，只要具有鮮味，自然能成為高湯。

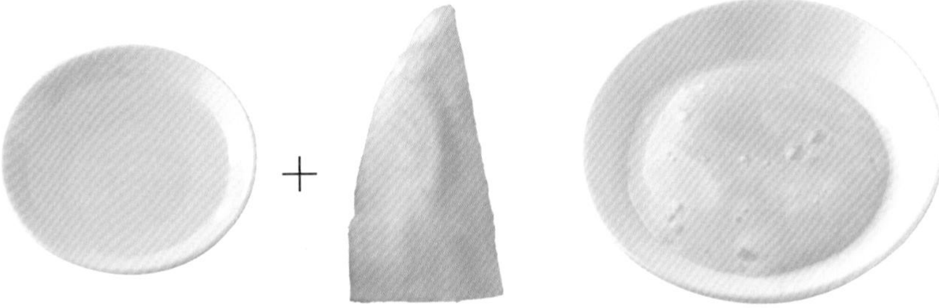

材料

擬目烏賊（冷凍）……………500g
昆布高湯（參照 p.105）…300mℓ
山藥（磨成泥狀）……………20g
鹽、淡口醬油…………………各適量

＊新鮮烏賊無法帶來滑潤的口感，一定要使用冷凍烏賊。

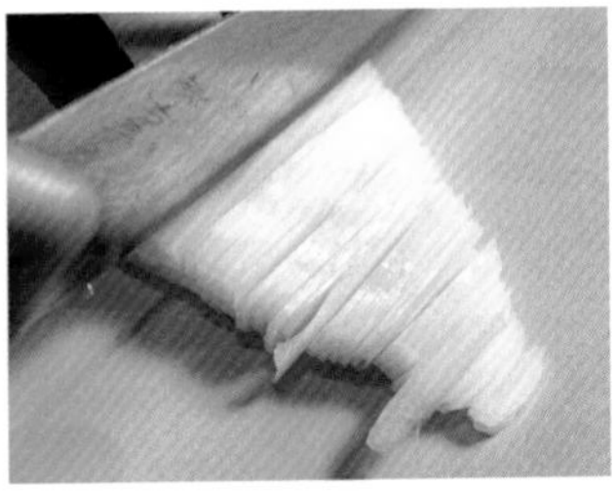

1 將冷凍後的烏賊切成薄片。

2 把1倒入食物調理機中，加入一半的昆布高湯。

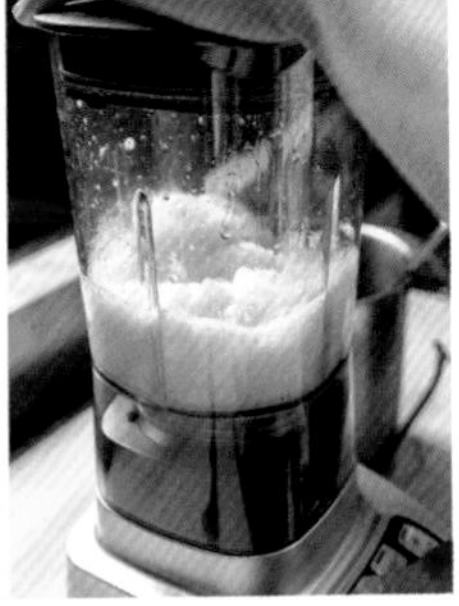

3 攪拌後將剩下的昆布高湯全部倒入，再次攪拌至滑順的狀態。

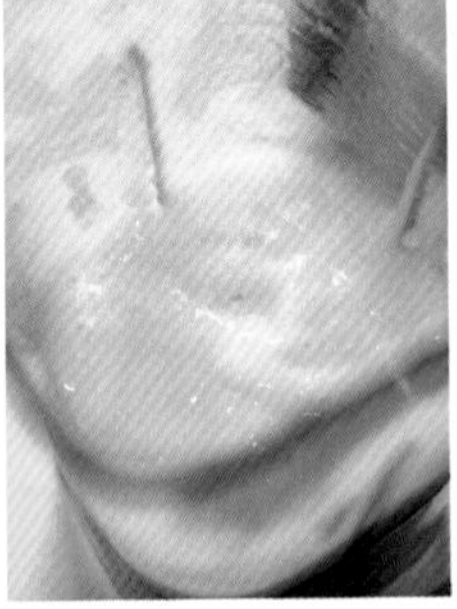

4 攪拌至滑順的狀態後，加入山藥泥、鹽與淡口醬油。

＊依不同的料理調整湯汁的凝固程度。

高湯科學

烏賊本身幾乎沒有肌苷酸，而是由各種胺基酸組合出鮮味與甜味等味道。利用昆布加強鮮味後，便完成了這一道充滿鮮味的烏賊凍高湯。

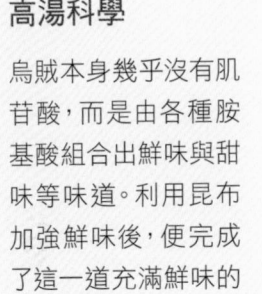

烏賊凍什錦湯

加入海膽或其他魚凍，讓味覺和口感都能獲得滿足的享受。

材料

烏賊凍高湯（參照 p.107）····· 90mℓ
生海膽 ······································ 適量
紫蘇花穗、青海苔、山葵（磨成泥狀）·································· 各適量
魚凍
一番高湯（參照 p.106）··· 200mℓ
吉利丁片 ································ 3g
淡口醬油 ································ 適量

＊加熱一番高湯後以淡口醬油調味，加入泡軟的吉利丁片，等餘溫散去後放進冰箱冷藏固定形狀。

1 烏賊凍高湯倒入湯碗中。
2 在1的上方疊放生海膽，淋上魚凍。
3 以青海苔、山葵泥、紫蘇花穗裝飾點綴。

◎炙烤河豚骨高湯

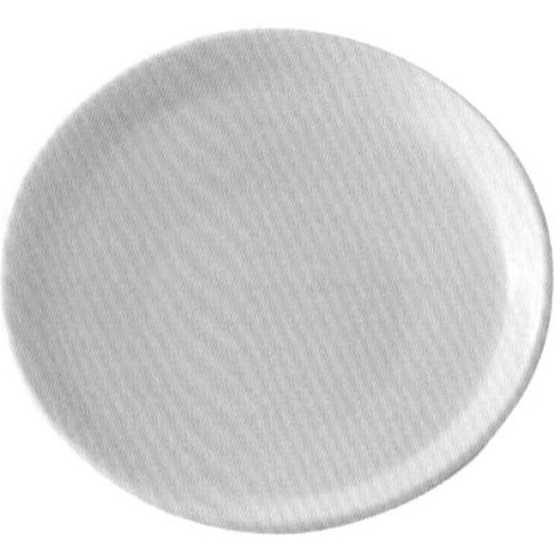

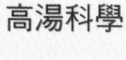

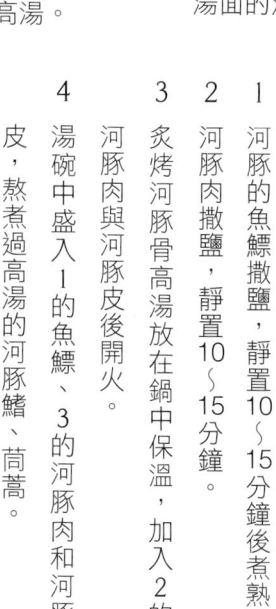

河豚的邊角料加上河豚鰭，已滿足了所需的鮮味與誘人香氣。

材料

河豚的邊角料……………………一隻份
昆布（真昆布）……………………20g
河豚鰭（經過炙烤的風干魚鰭）…5 片
料酒………………………………適量
水（山泉水）……………………1.5ℓ

高湯科學

河豚含有豐富的肌苷酸，搭配昆布的麩胺酸讓鮮味產生加乘效果，也讓高湯中的鮮味更具存在感了。

1 熱水汆燙河豚的邊角料，再用清水清洗一下。

2 鍋裡放入水和昆布，加上 1 的河豚邊角料、河豚鰭和料酒，開火熬煮。

3 沸騰後轉小火，繼續加熱 30 分鐘～1 小時。熬製過程中務必撈除冒出湯面的浮沫。

4 熬出味道後，用隔著烘焙紙的濾網過濾高湯。

烤河豚鰭湯碗

河豚高湯中加入河豚的魚肉、魚鰾、魚皮、魚鰭，這是一道滿是河豚的美味料理。

材料（1 人份）

河豚肉……………………………適量
河豚的魚鰾………………………適量
河豚皮、炙烤過的河豚鰭（依上述作法完成高湯後剩下的湯渣）
………………………………各適量
茼蒿（熱水燙熟後，做為湯中的配菜）……………………適量
炙烤河豚骨高湯（參照上述）
………………………………200mℓ
鹽、淡口醬油……………各適量
青蔥絲（青蔥切細絲）……適量

1 河豚的魚鰾撒鹽，靜置 10～15 分鐘後煮熟。
2 河豚肉撒鹽，靜置 10～15 分鐘。
3 炙烤河豚骨高湯放在鍋中保溫，加入 2 的河豚肉與河豚皮後開火。
4 湯碗中盛入 1 的魚鰾、3 的河豚肉和河豚皮，熬煮過高湯的河豚鰭、茼蒿。
5 倒入 3 的高湯蓋過碗中食材，最後添上青蔥絲。

◎甘鯛乳化高湯

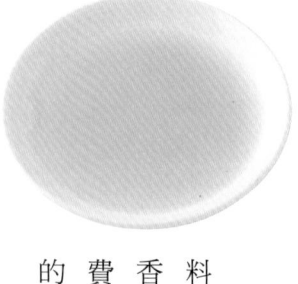

甘鯛的邊角料、加上提味辛香料和昆布，花費長時間煨煮出的奶白色高湯。

材料

甘鯛的邊角料…… 1 隻份
青蔥……………………50g
生薑……………………10g
昆布（真昆布）……20g
料酒……………………適量
水（山泉水）………2ℓ

1 以熱水汆燙甘鯛的邊角料。

2 將 1 的邊角料和青蔥、生薑、昆布、料酒一起放入鍋中，加水淹沒過食材。

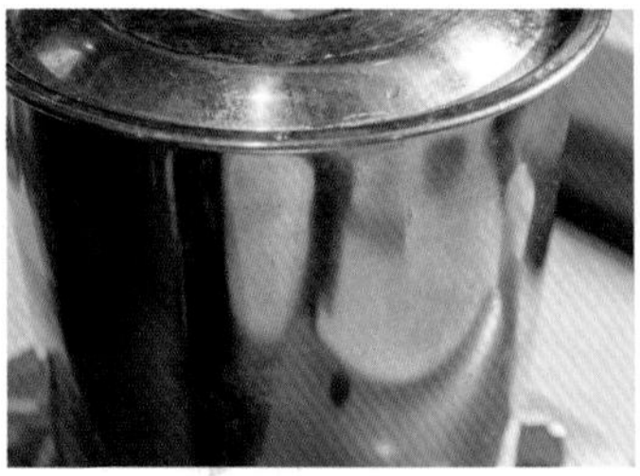

3 蓋上鍋蓋開火，沸騰後轉小火，煨煮 4 ～ 5 小時，直到煮出奶白色的高湯。

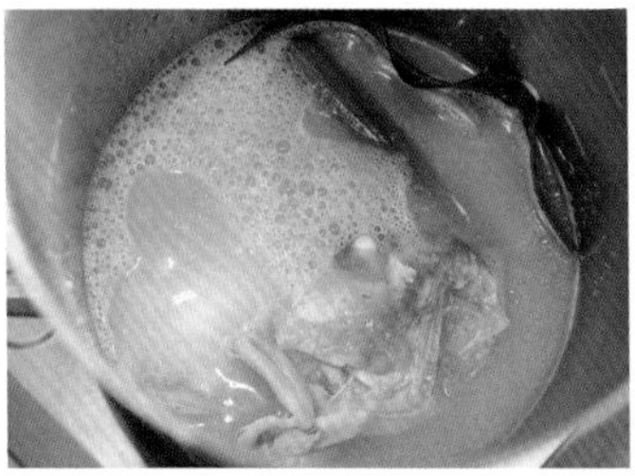

4 一開始還很清澈的高湯會漸漸變成奶白色。

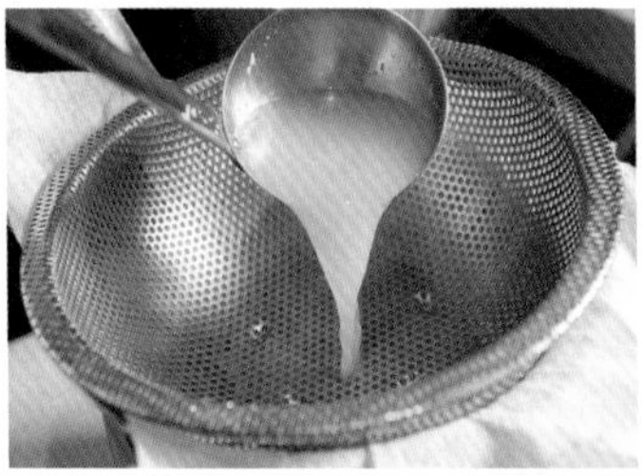

5 用隔著烘焙紙的濾網過濾高湯。

高湯科學

所謂乳化，是指油脂在水中無法相容的分散狀態，由蛋白質作為乳化劑可使乳化狀態變得穩定。這道高湯是由甘鯛的邊角料帶出的油脂和蛋白質、昆布的海藻酸相互作用產生的乳化。在日本料理中不太使用乳化高湯，獨特的奶白色高湯不僅讓人眼睛一亮，想必也會為顧客帶來全新的飲食感受吧。

甘鯛松笠燒　乳化高湯風味

烤得香酥焦脆的甘鯛松笠燒與濃郁的乳化高湯十分相配。

材料（1人份）

甘鯛……………………適量
鮮採黑木耳…………適量
芽蔥……………………適量
甘鯛乳化高湯(參照p.112)
…………………150mℓ
鹽、淡口醬油……各適量
沙拉油………………適量

1 甘鯛不用刮去魚鱗，澆上滾燙的沙拉油後，以爐火將魚鱗烤得焦黃酥脆。
2 熱水汆燙新鮮的黑木耳。
3 將1的甘鯛和2的黑木耳盛盤。
4 加熱甘鯛乳化高湯，以鹽、淡口醬油調味後倒入並淹沒過3，將芽蔥疊放在最上層。

◎香魚乾高湯

用自家製的香魚乾熬煮高湯。

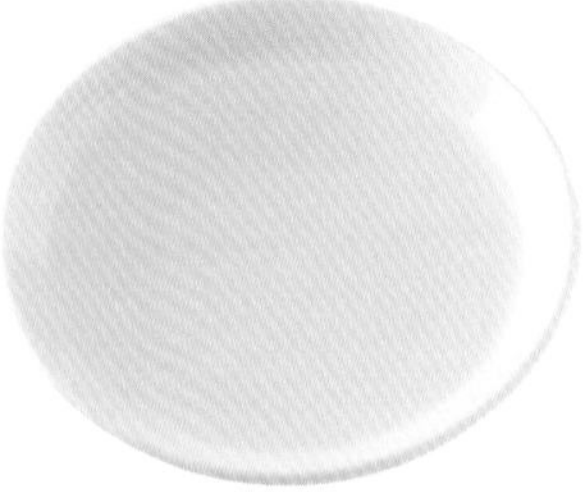

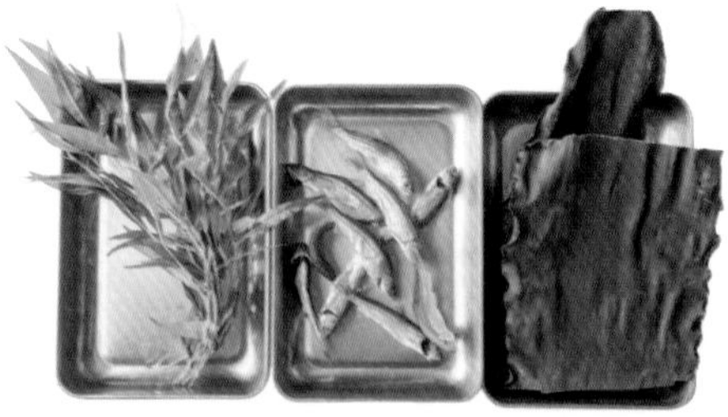

材料

香魚乾（自家製＊）……………………100g
昆布（真昆布）……20g
水（山泉水）…800mℓ
料酒…………………適量
蓼的枝椏……………5g

＊香魚乾：將小香魚浸泡在鹹度如海水的加鹽冰水中2小時左右，直到魚身縮緊（如不用鹽水縮緊，魚身就會斷裂），再以鹽水汆燙煮熟。瀝乾水分後用食品乾燥機烘乾（也可使用食物晒網自然風乾）。

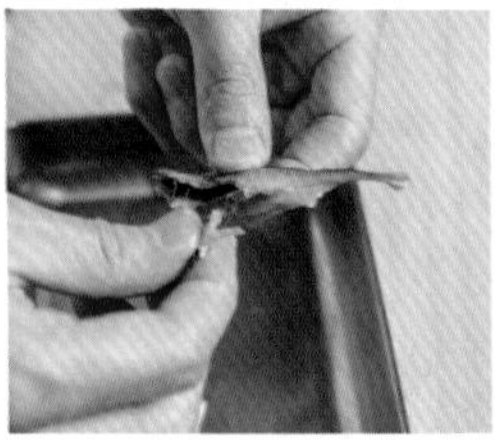

1 去除香魚乾的頭部與內臟。

2 把1和昆布、蓼的枝椏放入鍋中，加入水與料酒，靜置1小時後再開火熬煮。

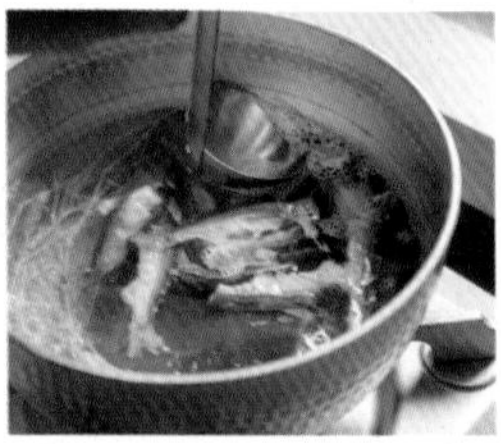

3 過程中需不時撈除浮沫，約熬煮30分鐘。

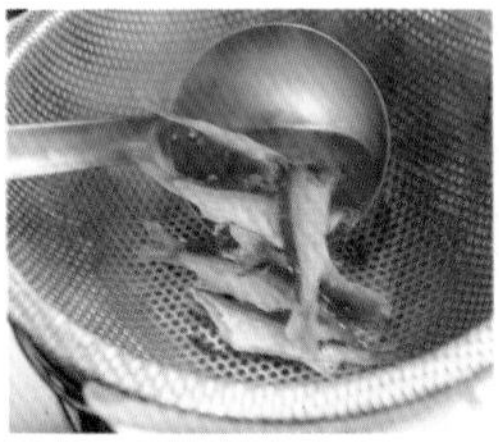

4 用隔著烘焙紙的濾網過濾高湯。

鹽燒香魚與麵條

烤得香噴噴的香魚和有著絕妙口感的麵條組合，還有教人欲罷不能的美味高湯。

材料

香魚……………………適量
麵條……………………適量
小黃瓜（黃瓜絲）…適量
蓼葉（不裹麵衣）…適量
香魚乾高湯（參考上述）……………………250mℓ
鹽、淡口醬油……各適量

1 竹籤串起香魚，以炭火炙烤。
2 熱水煮麵條，放入冰水中沖洗冷卻。
3 將瀝乾水分的麵條盛盤，加入1的香魚和黃瓜絲。
4 加入鹽和淡口醬油，放涼後的香魚乾高湯淹沒過3的麵條，灑上炸過的蓼葉。

◎藻屑蟹・番茄・白味噌高湯

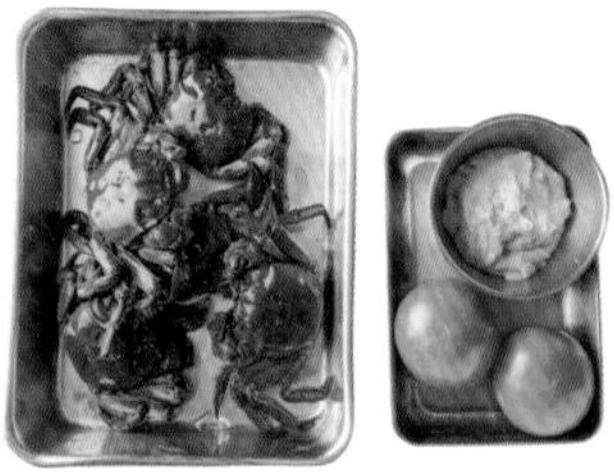

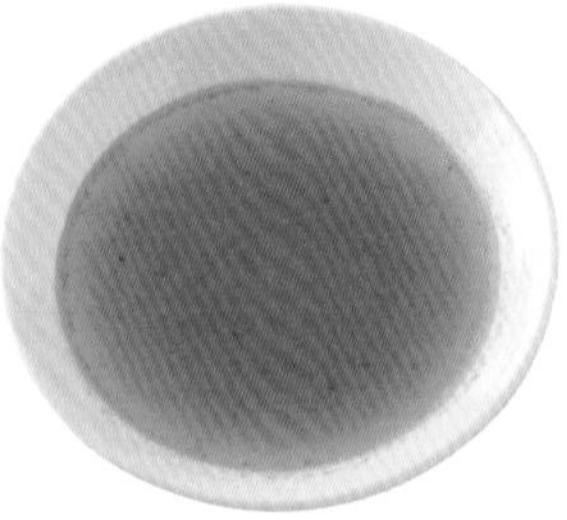

螃蟹和味噌都是具有強烈鮮味的食材，我想著應該再加入一抹較為溫和的鮮味調和，於是選擇了番茄。因為昆布的鮮味稍嫌濃重了些，同樣含有麩胺酸鮮味的番茄就成了很好的替代品。除此之外，番茄還能抑制淡水蟹特有的腥臭味。

材料

- 藻屑蟹……………5隻
- 番茄……………200g
- 水（山泉水）… 1500mℓ
- 白味噌……………150g
- 日本肉桂＊…………3片
- 太白胡麻油 ……… 20mℓ

＊日本肉桂：樟科樟屬的一種常綠喬木。葉片呈長橢圓形，帶有與肉桂相似的香氣。

1 藻屑蟹連殼剁成大塊，倒入太白胡麻油炒熟。

2 同樣切大塊的番茄也加入1，接著翻炒。

3 用鍋鏟壓碎藻屑蟹，使蟹膏的味道能充分釋放，同時仔細翻炒。若有殘留的水分會產生腥臭味，在翻炒這一步時務必要把水分完全去除。

4 倒入水後加熱。

5 撈除冒出的浮沫（但要注意別撈掉油脂）。

6 加入日本肉桂和白味噌，繼續熬煮20分鐘左右。

7 以漏勺過濾高湯。

高湯科學

螃蟹的鮮味來自胺基酸中的麩胺酸成分，即含有豐富的甜味胺基酸，所以這會是一道帶有甜味的高湯。番茄和白味噌的麩胺酸則能加強高湯的鮮味。

秋季時蔬・藻屑蟹高湯風味佐日本肉桂香氣

在藻屑蟹和番茄的鮮味中，充分享受時蔬美味的一道料理。

材料

芋頭……適量
茄子……適量
香菇……適量
銀杏果……適量
二番高湯＊、鹽、淡口醬油……各適量
藻屑蟹・番茄・白味噌高湯（參照p.116）……100mℓ
油炸用油……適量

＊二番高湯：將熬製完一番高湯（參照p.106）的昆布和鰹魚片再次放入鍋中，加水開火熬製。沸騰後轉小火，火候控制在啵啵冒泡的程度，約熬煮1小時，完成後過濾高湯。

1 芋頭去皮，用洗米水煮軟。
2 將1的芋頭放入加了鹽和淡口醬油調味二番高湯中，煨煮直至入味。
3 茄子烤熟後去皮，浸泡在加了鹽和淡口醬油調味的二番高湯中。
4 香菇烤熟，銀杏果裸炸。
5 將2的芋頭切成好入口的適當大小盛盤，再依序加入3的茄子、4的香菇、銀杏果，最後倒入溫熱的藻屑蟹、番茄，倒入白味噌高湯淹沒過食材。

◎大和肉雞烏梅高湯

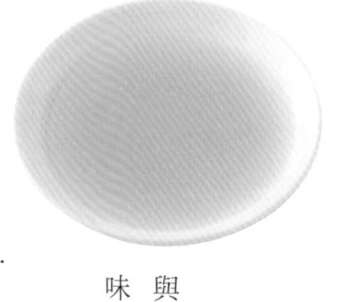

雞骨高湯中加入烏梅與大和當歸葉，是一道趣味十足的高湯。

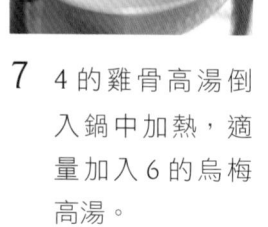

材料

雞骨高湯

- 雞（大和肉雞）骨架…1隻份
- 洋蔥（切半月狀）…………50g
- 昆布（真昆布）……………20g
- 大和當歸葉＊…………………適量
- 水（山泉水）……………… 1ℓ

烏梅高湯

- 烏梅＊＊…………………………100g
- 昆布………………………………10g
- 水（山泉水）…………300mℓ

＊大和當歸：繖形科的多年生草本。乾燥後的根部可作為漢方藥材使用，葉片帶有類似西洋芹的香氣，經常作為日本藥草被廣泛運用。

＊＊烏梅：將尚未成熟的梅果加工烘乾而成，自古便常被作為天然藥材使用。

1 雞骨高湯：清水洗淨雞骨架，剁成大塊後，放進燒烤爐炙烤。

2 把1和洋蔥、昆布20g、大和當歸一同放入鍋中，倒水淹沒過食材（1ℓ）後，開火熬煮。

3 沸騰後轉小火，繼續加熱1個半小時～2小時。撈除熬煮過程中產生的浮沫。

4 用隔著烘焙紙的濾網過濾高湯。

5 烏梅高湯：烏梅和10g的昆布一同放進料理方盤中，加入300mℓ的水浸泡。

6 放入已預熱好的蒸鍋中蒸2小時，用隔著烘焙紙的濾網過濾出烏梅高湯。

7 4的雞骨高湯倒入鍋中加熱，適量加入6的烏梅高湯。

大和肉雞・烏梅高湯風味佐大和當歸香氣

充滿特色的高湯，搭配鮮味強勁的日本在地雞，讓口感保持絕妙的平衡。

材料

雞（大和肉雞＊）腿肉…………… 適量
圓茄………………………………… 適量
大和當歸（參照 p.118，取葉片、葉花）………………………………… 適量
大和肉雞烏梅高湯
　雞骨高湯（參照 p.118）····150mℓ
　烏梅高湯（參照 p.118）····· 50mℓ
　依照 p.118 的作法將兩者混合。
油炸用油、二番高湯（參照 p.117）、鹽、淡口醬油…………………各適量

＊大和肉雞：奈良縣產的在地雞。

1 在雞肉上撒鹽，靜置10～15分鐘後下鍋煎熟。
2 圓茄去皮，裸炸後以熱水去除多餘油脂。放進加了鹽、淡口醬油調味的二番高湯中煨煮。
3 將1切成一口大小的雞肉和2的茄子盛入湯碗中，倒入熱呼呼的大和肉雞烏梅高湯淹沒過食材。
4 最後疊放上大和當歸的花與葉片點綴裝飾。

◎燻鴨高湯

加入燻製風味的高湯。使用秸稈燻烤鴨肉以增添香氣，具有比煙燻碎木片更自然溫和的燻香味。

材料

鴨骨架 ………… 1 隻份
昆布（真昆布）…… 20g
水（山泉水）…… 1.5ℓ
料酒 ………………… 適量
大和橘的葉片＊ …… 3 片
大和橘的果皮＊ …… 15g
蕪菁皮 ……………… 適量
・秸稈

＊大和橘：日本特產的柑橘類其中一種。

1 將鴨骨架放在炭烤台的烤網上燒烤。

2 過程中需不斷翻面，直到烤出焦色。

3 在炭烤台下加入秸稈。

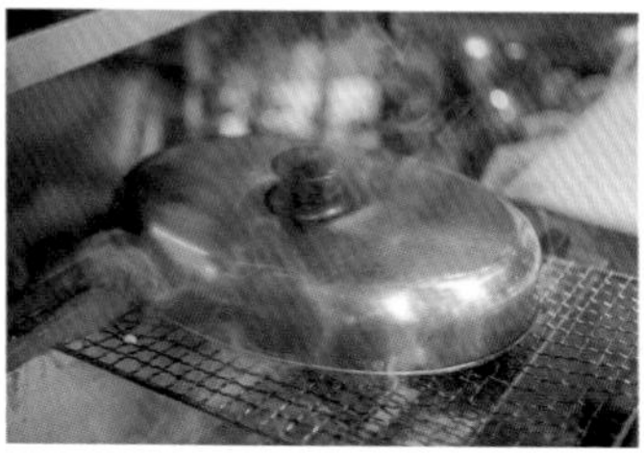

4 拿鍋蓋蓋住鴨骨架燻製。

5 把 4 的燻鴨骨架、昆布、蕪菁皮、大和橘的葉片和果皮、水、料酒一同放入鍋中，開火熬煮 30 分鐘左右。

6 用隔著烘焙紙的濾網過濾高湯。

高湯科學

如同日本料理中經常使用的燻製鰹魚片，這一道高湯同樣是以燻製香氣作為特點。在其他飲食類別的領域中，從來沒有人把燻製香氣作為高湯的主要賣點，這或許算是日本料理的獨有特色吧。法式料理和中式料理也會把鴨當作高湯的食材，但經過燻製這一道手續後，可以說更接近日本料理的風味了。

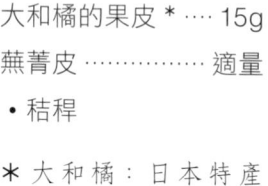

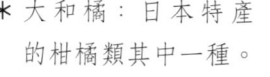

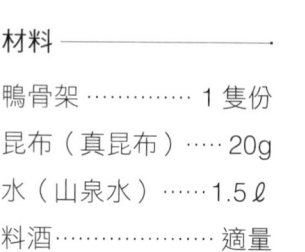

鴨肉・蕪菁・大和橘　燻製高湯風味

鴨肉與柑橘是極為搭配的組合。這裡使用的是日本在地的大和橘果皮，為這道料理增添香氣。

材料

鴨胸肉……………………………適量
蕪菁………………………………適量
蕪菁的胚軸………………………適量
大和橘＊的果皮（切細絲）
……………………………適量
燻鴨高湯（參照 p.120）… 150mℓ
二番高湯（參照 p.117）、鹽、淡口醬油、濃口醬油…………各適量
葛粉………………………………適量

＊大和橘：日本特產的柑橘類其中一種。

1 蕪菁去皮，放入加了鹽、淡口醬油的二番高湯中煮軟。蕪菁的胚軸用熱水汆燙過後，放入加了鹽、淡口醬油的二番高湯中浸泡。
2 烤鴨肉。
3 將切成薄片的鴨肉、1的蕪菁和蕪菁胚軸盛盤。
4 在加熱過的燻鴨高湯中倒入葛粉水勾芡，澆淋在3上。最後疊上大和橘的果皮。

◎日式香草甲魚高湯

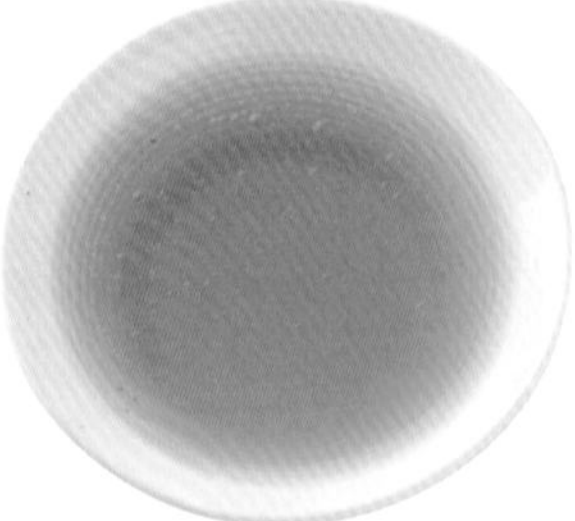

甲魚不僅肉質軟嫩又美味，還能熬製出讓人十指大動的高湯。這裡使用了五種日式香草，讓高湯中多了一絲微妙的香氣差異。

材料

甲魚（已處理乾淨）……………1隻
昆布（真昆布）……………………20g
日式香草（乾燥後的烏樟、魚腥草、魁蒿、月桃、甘茶）………… 適量
水（中等程度軟水）………………2ℓ
料酒………………………………200mℓ
濃口醬油…………………………適量
鹽…………………………………適量

1 鍋裡放入處理過的甲魚肉、甲魚殼和昆布，加入水與料酒，開火熬煮。

2 撈除冒出的浮沫，繼續熬煮。

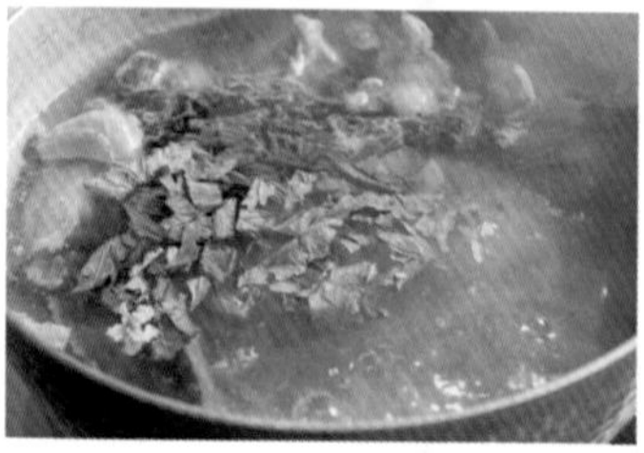

3 約熬製1小時，等甲魚肉變得柔軟後再加入日式香草稍微煨煮。以醬油和鹽調味。

4 從3中取甲魚肉（魚肉會在料理中使用）。

5 用隔著烘焙紙的濾網過濾高湯。

＊其他高湯使用的都是來自箕面山的天然泉水（軟水），只有這道甲魚高湯使用的是鹿兒島縣霧島的中等程度軟水。使用中等程度軟水能有效抑制甲魚的腥臭味。

甲魚燉松茸　日式香草高湯風味

松茸與菊花搭配，這是一道盈滿日式香草氣息的秋季料理。

材料

甲魚肉（依照 p.122 的作法，熬製完高湯的甲魚肉）……適量
松茸……適量
茼蒿……適量
菊花（黃・紫）……各適量
日式香草甲魚高湯（參照 p.122）……200mℓ
淡口醬油……適量

1 砂鍋裡倒入日式香草甲魚高湯，加入淡口醬油開火加熱。
2 在1裡放入汆燙過的黃色菊花、甲魚肉、切成好入口大小的松茸一起煨煮。
3 完成後加入茼蒿，紫色的菊花疊在最上層裝飾點綴。

◎海鰻與發酵洋蔥的法式清湯

海鰻的骨頭能熬製出非常美味的高湯。為了這道高湯的主角，本店不惜奢侈地運用了法式清湯繁複的烹調技法，透過蛋清讓湯汁變得清澈，加上發酵洋蔥和伊吹麝香草帶來的絕妙風味，令這道高湯有了更深層次的口感享受。

材料

海鰻的邊角料……1隻份
發酵洋蔥*……100g
昆布（真昆布）……20g
水（山泉水）……1ℓ
料酒……適量
伊吹麝香草**……適量
蛋清……適量

**伊吹麝香草：唇形科的匍匐常綠小灌木。整體帶有香氣，分布於日本、朝鮮、中國、印度等地。因在伊吹山自由生長，又帶有近似麝香的芬芳氣味，故以此得名。

*發酵洋蔥：將洋蔥切細絲，浸泡在洗米水裡，置於常溫中使之發酵（夏天約3天、冬天則4～5天，以氣味判斷）。發酵後便可放入冰箱冷藏（不能在常溫裡放置過久）。

1 海鰻邊角料以熱水汆燙，連同昆布、發酵洋蔥一起放入鍋中，加入水與料酒，開火熬煮。

2 過程中需不斷撈除浮沫，熬煮30分鐘左右。

3 用隔著烘焙紙的濾網過濾高湯。

4 將3倒回鍋中開火，加入伊吹麝香草後，立即從火爐上移開靜置冷卻。

5 待4冷卻後，加入蛋清攪拌混合，再次開火加熱。

6 等蛋清凝固，飄浮在湯面上。

7 用隔著烘焙紙的濾網過濾高湯。

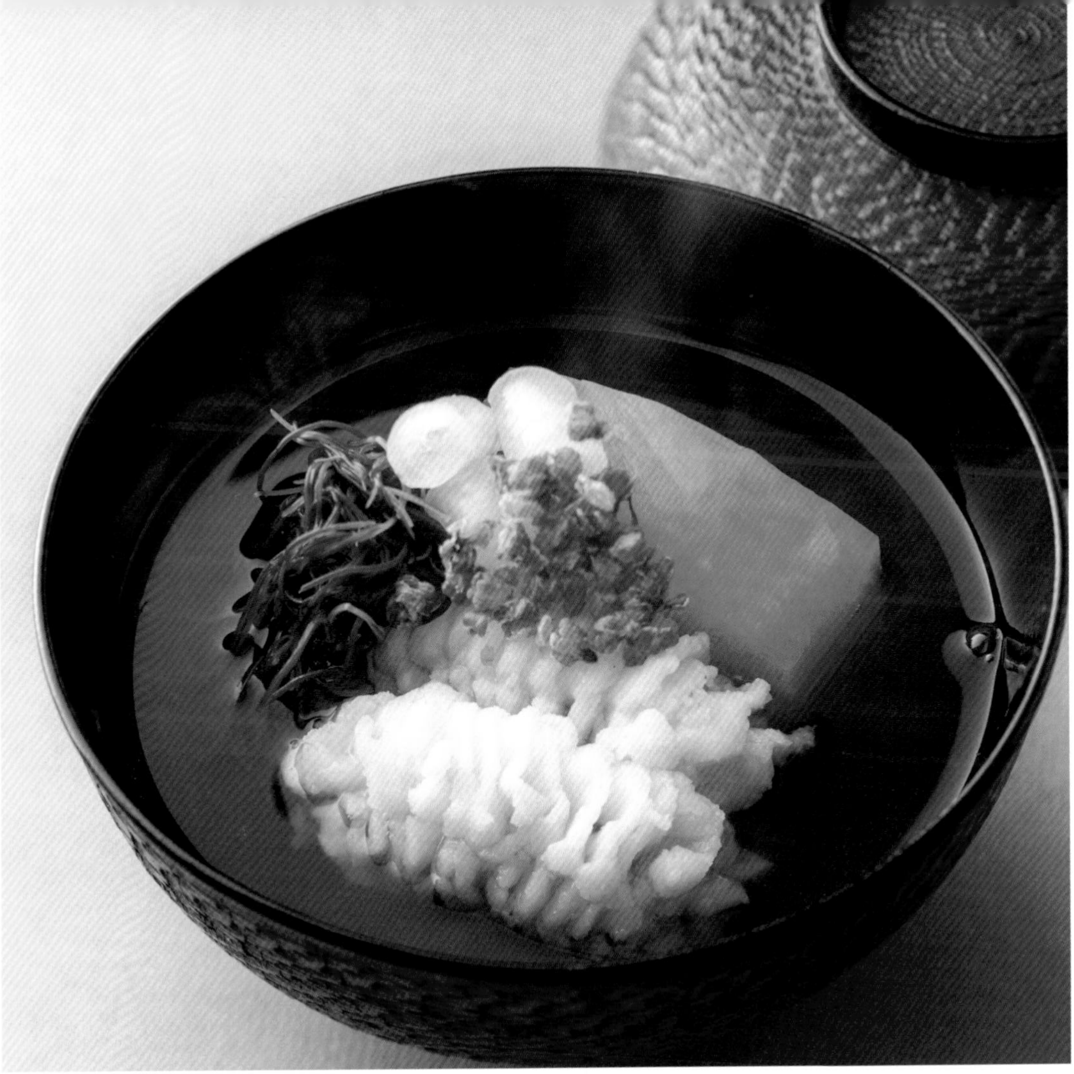

海鰻法式清湯　佐伊吹麝香草香氣

充滿個性的高湯，比海鰻椀物更教人印象深刻。

材料

海鰻………………適量
冬瓜………………適量
無翅豬毛菜………適量
海鰻的魚鰾………適量
紫蘇花穗…………適量
海鰻與發酵洋蔥的法式清湯（參照 p.124）……………200mℓ
二番高湯（參照 p.117）…………………適量
鹽、淡口醬油‥各適量
葛粉………………適量

1　冬瓜去皮，鹽與蘇打粉以1：1的比例抹在冬瓜上，靜置30分鐘後以熱水煮熟。放入加了鹽調味的二番高湯中煨煮後，在冬瓜上劃幾刀。無翅豬毛菜燙熟後，浸泡在加了淡口醬油和鹽調味的二番高湯中。熱水汆燙海鰻的魚鰾。
2　切斷清洗乾淨的海鰻魚骨，切成好入口的適當大小。魚身撒鹽後，靜置10～15分鐘。
3　將2的兩面都抹上葛粉。
4　煮一鍋熱水，將3帶皮的那一面朝下放入。等魚身像花朵綻放時撈起。
5　湯碗裡盛入1的冬瓜、4的海鰻、1的無翅豬毛菜和海鰻魚鰾，頂端疊上紫蘇花穗。
6　倒入加熱過的海鰻與發酵洋蔥法式清湯。

◎發酵白蔥與干貝高湯

白蔥用洗米水發酵後，為高湯帶來了別具一格的風味。

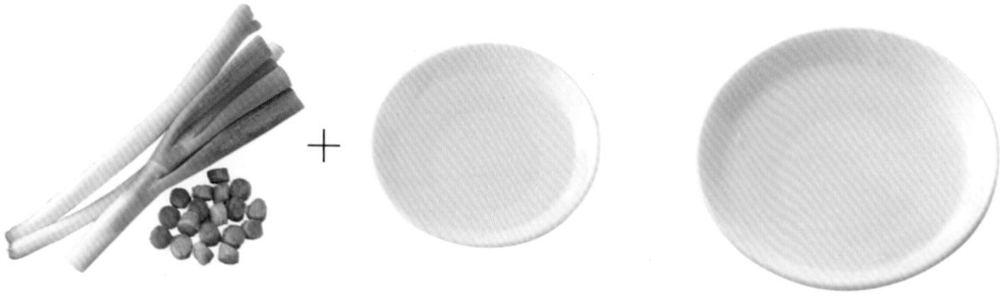

材料

昆布高湯
- 昆布（真昆布）……20g
- 水（山泉水）…· 760mℓ

發酵白蔥＊……………150g
乾干貝…………………100g
料酒……………………適量

1 依照 p.105 的作法，將上述的昆布和水熬製成昆布高湯。乾干貝放入水中泡發。冷卻的昆布高湯和發酵白蔥、泡發的干貝與干貝水一起倒入鍋中開火熬煮，加入料酒。

2 大火將白蔥煮出味道變得柔軟（熬煮後的白蔥會在料理中使用）。

3 用隔著烘焙紙的濾網過濾高湯。

＊發酵白蔥：將蔥（白色部分）切成 5cm 的長度，浸泡在洗米水裡，置於常溫中直至發酵（夏天約 4 ~ 5 日，冬天則是 1 星期左右，依氣味判斷）。發酵後即可放入冰箱冷藏（不能在常溫裡放置過久）。

高湯科學

白蔥的麩胺酸雖然不多，卻含有作為香味成分的有機硫化合物，發酵後更是擁有獨樹一格的特別風味。這裡昆布和乾干貝負責的是高湯中鮮味的部分，發酵白蔥則帶來了不同的香氣，讓這道高湯更顯獨特。

赤點石斑魚　蒸魚骨　發酵白蔥高湯

只需加入一點發酵的風味，原本中規中矩的高湯也變得特別了。熬煮過高湯的白蔥也能帶來美味的口腹享受。

材料

赤點石斑魚頭……………1隻份
發酵白蔥（依照 p.126 的作法，熬製過高湯的白蔥）……………………………適量
葛切粉絲（日本冬粉）…適量
蔥絲（綠・白＊）………適量
發酵白蔥與干貝高湯（參照 p.126）…………… 200mℓ
鹽、料酒、淡口醬油‧各適量
昆布（真昆布）…………適量

＊蔥絲：青蔥切細絲。

1 赤點石斑魚頭撒鹽，靜置2～3小時。
2 熱水汆燙1後，放入冰水中冷卻，去除魚鱗和黏液。
3 在平底盤中鋪上昆布，放上2的赤點石斑魚頭，灑上料酒蒸熟。
4 鍋裡倒入發酵白蔥與干貝高湯加熱，再加入3蒸出的湯汁。
5 將3的赤點石斑魚頭、發酵白蔥、葛切粉絲、蔥絲盛盤，最後倒入4的高湯淹沒過配料。

◎原木栽培發酵蕈菇高湯

和126頁的發酵白蔥高湯相同，這次使用的是經過發酵的原木栽培蕈菇。

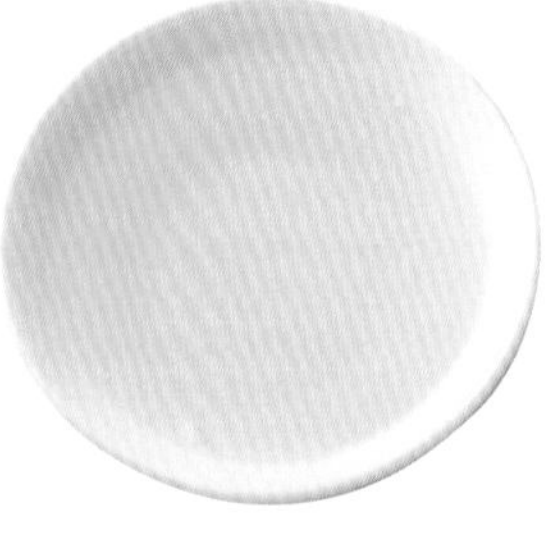

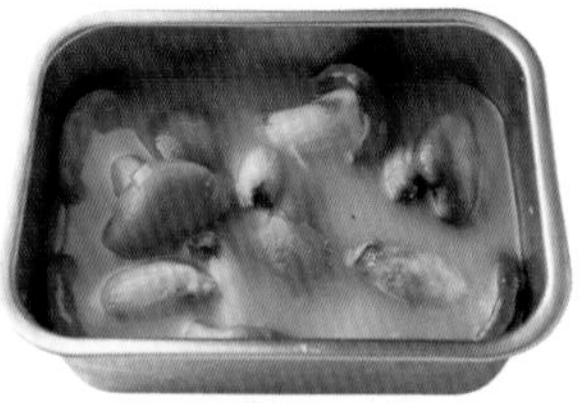

材料

昆布高湯
- 昆布……………20g
- 水……………760mℓ

發酵蕈菇＊…………200g
料酒…………………適量

＊發酵蕈菇：將原木栽培的蕈菇浸泡在洗米水裡，放置在常溫中等待發酵（夏天約4～5日，冬天則是1星期左右，依氣味判斷）。發酵後即可放入冰箱冷藏（不能在常溫裡放置過久）。

1 依照p.105的作法，將上述的昆布和水熬製成昆布高湯。冷卻後的昆布高湯和發酵蕈菇放入鍋中開火熬煮，加入料酒。

2 大火熬煮至蕈菇變軟散發香味（熬煮過的蕈菇會在料理中使用），撈除冒出的浮沫。

3 用隔著烘焙紙的濾網過濾高湯。

月熊 原木栽培發酵蕈菇高湯風味

與肉類料理極為搭配的高湯。換成牛肉也很適合。

材料

月熊里脊肉（切薄片）……適量
牛蒡（削薄片）……………適量
發酵蕈菇（依照上述作法，熬製過高湯的蕈菇）………適量
青蔥（斜切蔥段）…………適量
水芹……………………………適量
山椒粉…………………………適量
原木栽培發酵蕈菇高湯（參照上述）…………………200mℓ
淡口醬油、濃口醬油………適量

1 在原木栽培的發酵蕈菇高湯中加入淡口醬油、濃口醬油後加熱，依序放入熊肉、牛蒡絲、發酵蕈菇、青蔥一起燉煮。

2 將1盛盤，倒入熬煮過的湯汁。

3 頂端疊上切得細碎的水芹，灑上山椒粉。

◎白味噌番紅花高湯

這次的高湯要運用在伊勢龍蝦的料理中，處理食材時便將蝦殼也一併加入熬煮，其實光是把美味的味噌融化在水中就已經是一道優秀的高湯了。但若搭配昆布高湯，過多的鮮味反而會造成干擾，所以我偏好用水來熬煮。

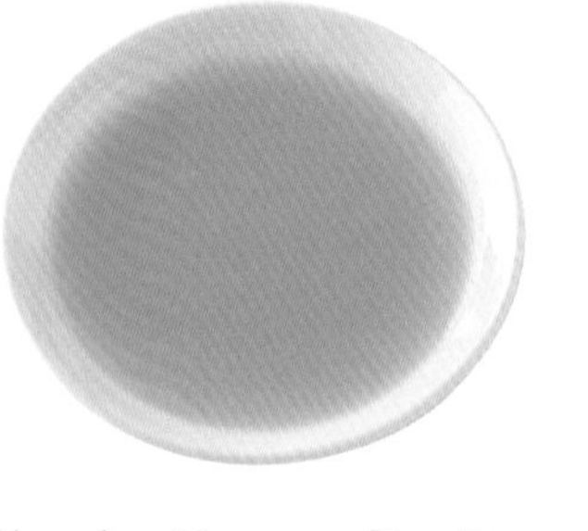

材料

伊勢龍蝦……………………… 1隻（300g）
白味噌 ……………………………………… 80g
番紅花（浸泡在500mℓ的水中）…. 適量

＊將新鮮的伊勢龍蝦去頭，連殼一起從中間剖開。剝去外殼，取出龍蝦肉（龍蝦肉會使用在料理中）。

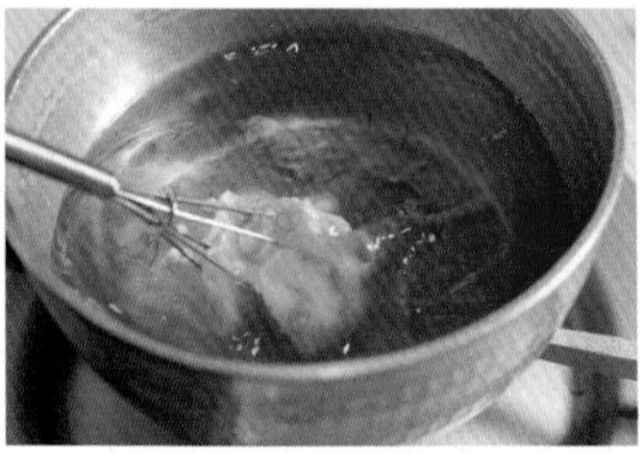

1 將浸泡番紅花的水倒入鍋中開火，加入白味噌使其融化。

2 伊勢龍蝦的頭部與外殼也加入1裡，稍微加熱一會兒。

3 用隔著烘焙紙的濾網過濾高湯（伊勢龍蝦的頭部與外殼另外保存）。

伊勢龍蝦佐嫩筍 白味噌番紅花風味

伊勢龍蝦的地位自不用說，而白味噌的美味也是足以擔綱主角的絕品。

材料

伊勢龍蝦（肉）…… 適量
竹筍………………… 適量
麥糠、鷹爪辣椒、清湯（在一番高湯〈參照p.106〉中加入鹽和少許淡口醬油）…各適量
山椒嫩葉…………… 適量
白味噌番紅花高湯（參照上述）……….. 200mℓ

＊熬煮過高湯的伊勢龍蝦頭部和外殼，會使用在料理中。

1 鍋裡放入竹筍、麥糠、適量的水、鷹爪辣椒後開火煮熟。
2 1的竹筍冷卻後剝去外皮，切成好入口的適當大小，泡入清湯中煨煮。
3 加熱白味噌番紅花高湯，放進切成一口大小的伊勢龍蝦肉煨煮。
4 3的伊勢龍蝦肉和2的竹筍盛盤，以之前保存的伊勢龍蝦頭部和外殼裝飾點綴，倒入3的湯汁。
5 最後疊上山椒嫩葉點綴。

◎寺納豆上澄高湯

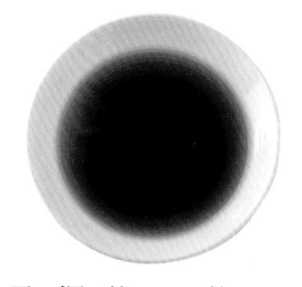

只用植物性食材熬製，是素食高湯的一種。將一休寺納豆的濃郁鮮味和鹽分發揮到極致，再加上柿子皮和炒豆子的甜味融合而成的一道高湯。

材料

一休寺納豆＊……………………50g
昆布（真昆布）………… 15g+10g
柿子皮（晒乾）…………………50g
大豆（炒熟）……………………80g
水（山泉水）…· 100mℓ ＋ 500mℓ

＊一休寺納豆：傳說是由一休宗純發明，以特殊製法而聞名的大豆加工品。把蒸熟的大豆裹上炒過的大麥粉和麴經過發酵，花費10個月日晒風乾的古法釀造納豆。

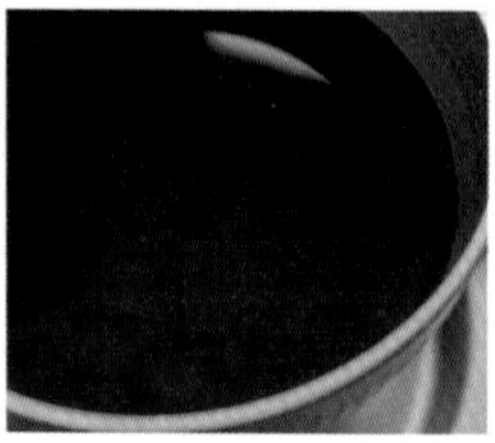

1 鍋裡放入15克昆布和一休寺納豆，加上100毫升的水靜置一晚。

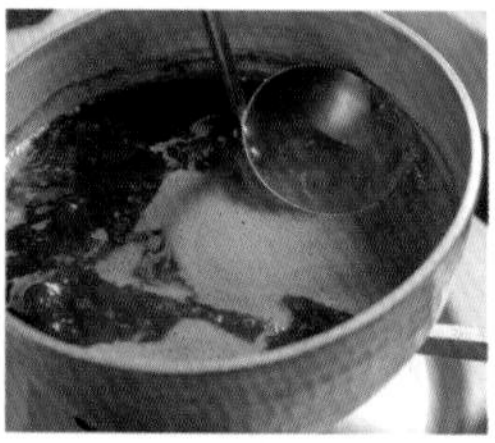

2 將1開火熬煮30分鐘左右，撈除冒出的浮沫。

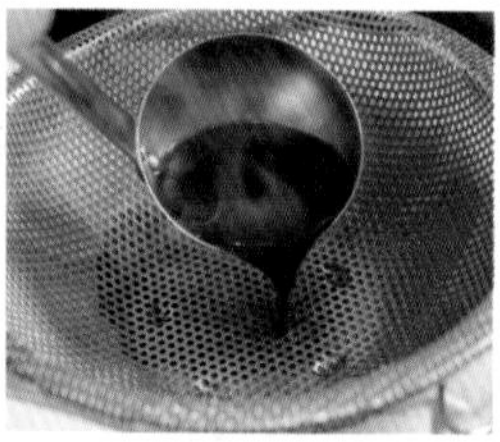

3 用隔著烘焙紙的濾網過濾，完成寺納豆高湯。

4 另起一鍋，加入10克昆布、柿子皮、炒豆子、500毫升的水，開火熬煮。

5 熬煮約30分鐘後，用隔著烘焙紙的濾網過濾，完成大豆高湯。

6 熬製完成的兩種高湯。

7 將5的大豆高湯倒入鍋中加熱，加入3的寺納豆高湯攪拌混合。

8 試試味道，調整到剛好的濃淡。

高湯科學

經由麴發酵的大豆，在蛋白質分解後產生了麩胺酸。再加入一休寺納豆和昆布的鮮味，炒過的大豆會產生梅納反應，為高湯增添促進食慾的誘人香氣。

無花果　寺納豆上澄高湯風味

無花果的溫和甘甜和寺納豆高湯非常相配。

材料

無花果……適量
青柚子皮（切細絲）……適量
寺納豆上澄高湯（參照 p.132）……100mℓ

1 無花果去皮，對半切開烤熟。

2 在湯碗中盛入1的無花果，倒入加熱過的寺納豆上澄高湯。

3 疊上青柚子裝飾點綴。

「ubuka」
加藤邦彦

加藤邦彦
一九七七年生於宮城縣。因為太喜歡甲殼類食物，遂加入了連鎖餐廳「螃蟹道樂」。之後在京都的料亭學習日本料理的基礎，曾任職於紐西蘭的日本料理店、新宿的中式料理店「蓮華」，二〇一二年在東京・四谷（荒木町）自立門戶開了甲殼類專門料理店「ubuka」（うぶか）。雖是以日本料理為基調，卻也巧妙融合了其他料理類別的烹調技法，就是為了在料理中挖掘出更多甲殼類食材的迷人魅力。

為了和蝦蟹有完美的契合度，本店的一番高湯、二番高湯使用的是羅臼昆布和鮪魚乾，並且會仔細地萃取出其中的鮮味。

本店作為甲殼類專門料理店，總是會有大量的蝦殼、蟹殼必須消化，儲藏空間都快塞不下了。只能將一部分脫水乾燥後磨成粉末，盡可能減少體積進行保存，但還是沒辦法將庫存用盡。

甲殼類和貝類無法食用的部分較多，但甲殼類的外殼還有其他用處，例如用來熬製高湯，作為更有意義的用途。本店所有的蝦蟹都是在還活著的新鮮狀態下進貨，馬上進行熱處理，幾乎不會產生甲殼類獨有的腥臭味。新鮮的蝦殼、蟹殼能熬煮出非常清澈的高湯。但相對地，也可以說是毫無甲殼類風味的高湯。因此本店才會試著將外殼或烤或炒，利用大火炙燒或脫水乾燥來引出獨屬於蝦蟹的風味。

然而蝦蟹的外殼並沒有那麼強烈的鮮味，只能在以昆布或蔬菜為主要鮮味來源的高湯裡，將蝦蟹的外殼作為香氣要素融入其中，以維持高湯的平衡。此高湯的重點在於如何將蝦蟹的香氣發揮到極致。

即使是人手不多的小小店面，窩在狹小的廚房裡也能動動腦筋製作出高湯。例如將蝦殼或蟹殼和昆布一起放入水中，利用冷凍法製作出的冷凍高湯便是其中一種。只要做好事前準備，剩下的作業程序並不繁雜，輕輕鬆鬆就能製作出清澈又美味可口的高湯。

若只一味地依賴鰹魚乾和昆布來熬製高湯，今後恐怕會愈來愈寸步難行吧。尤其昆布每年的產量都不固定，有時候想買到天然昆布都得費一番心力。於是以蔬菜或蕈菇類為基底的高湯搭配魚乾的組合、或是積極活用魚類邊角料和貝類的製法也將成為必然的走向。說起來蝦蟹和貝類的契合度也相當不錯，好比蛤蜊高湯和蝦、蟹高湯互相混合的搭配，從今以後我也會盡量嘗試更多可能性。

◎昆布高湯

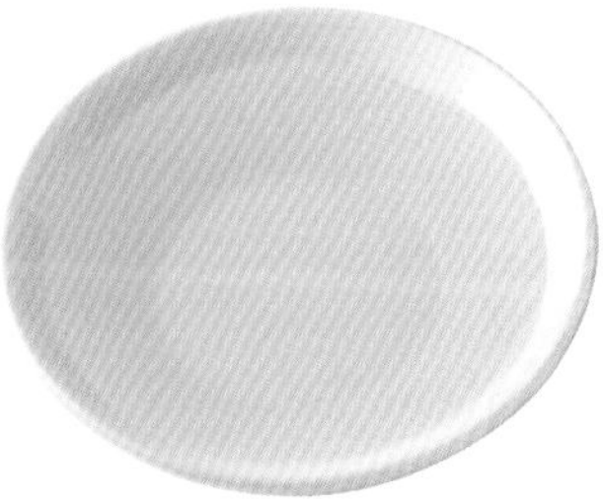

昆布使用的是羅臼昆布，水則是通過淨水器過濾的自來水。東京的水和羅臼昆布、日高昆布、真昆布都很契合，其中作為鮮味最強烈的羅臼昆布和甲殼類食材搭配起來也相當合適，另外本店所使用的鮪魚乾和羅臼昆布也是最佳拍檔。

材料

昆布（羅臼昆布）····250g
水（純水）···············10ℓ

1 鍋裡放入水和昆布，以60℃加熱2小時（時間無一定標準，以味道作為判斷）。

2 徹底煮出味道後，便可撈出昆布。

高湯科學

羅臼昆布的麩胺酸含量比利尻昆布更甚，風味也更加濃郁。東京的水硬度較高，不太容易萃取出麩胺酸，相較之下使用羅臼昆布確實更適合。

◎一番高湯

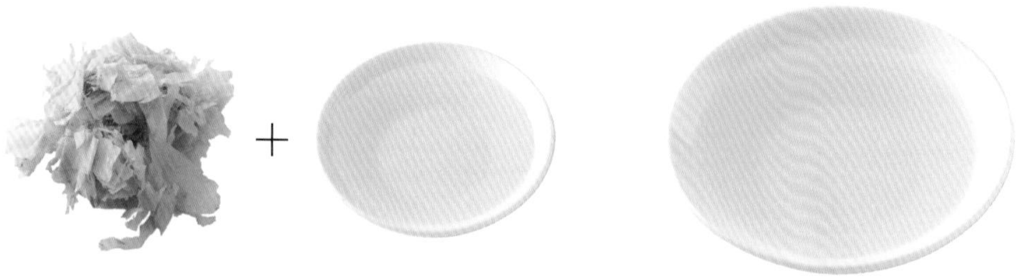

以羅臼昆布熬製出的昆布高湯和去除魚背上發黑部分的鮪魚乾相互搭配，在使用當日熬煮。比起鰹魚乾，鮪魚乾和蝦蟹的風味更契合。

材料

昆布（羅臼昆布）…………250g
水（純水）…………10ℓ
鮪魚乾（去除魚背上發黑的部分）…250g

1 依照p.135的作法，熬製昆布高湯。撈出昆布後，將溫度提升到即將沸騰的程度（但不要讓高湯沸騰）。

2 轉小火，加入鮪魚乾。

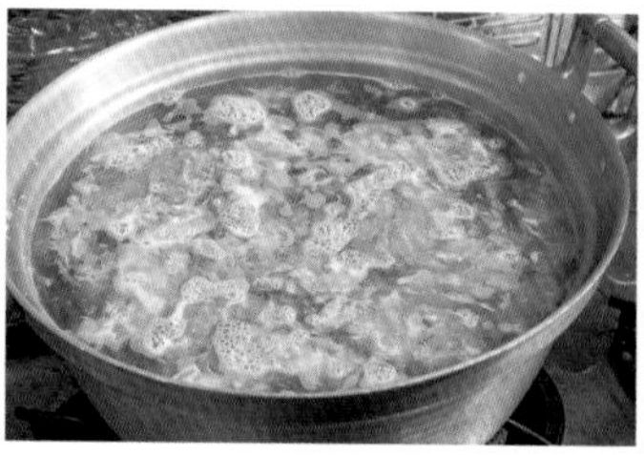

3 若出現浮沫，需動手撈除（因為使用的是已去除魚背上發黑部分的鮪魚乾，幾乎不太會冒出浮沫）。

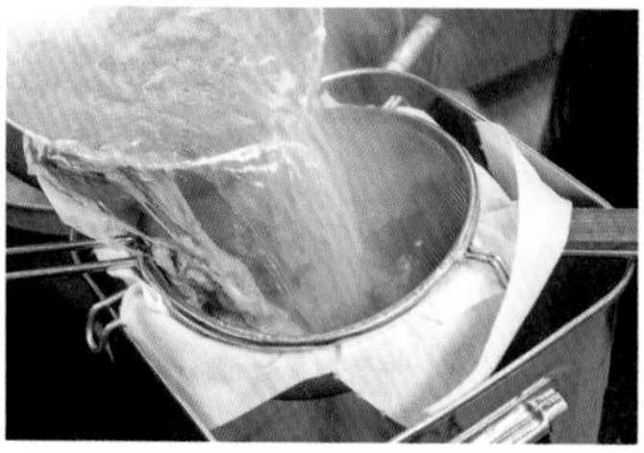

4 接著馬上用隔著烘焙紙的濾網過濾高湯（不需擠壓湯渣）。

高湯科學

鮪魚乾比鰹魚乾含有更豐富的肌苷酸，香氣也有所不同，可視料理整體的需求選擇。

◎二番高湯

除了運用在燉菜和味噌湯外，也可作為基本的調味料使用。是一道能將鮮味徹底萃取出的濃郁高湯。

材料

一番高湯（參照 p.136）的湯渣⋯⋯P.136 的分量
水⋯⋯⋯⋯與湯渣相同分量

1 將熬製完一番高湯的湯渣全部倒回鍋裡，加入等量的水。

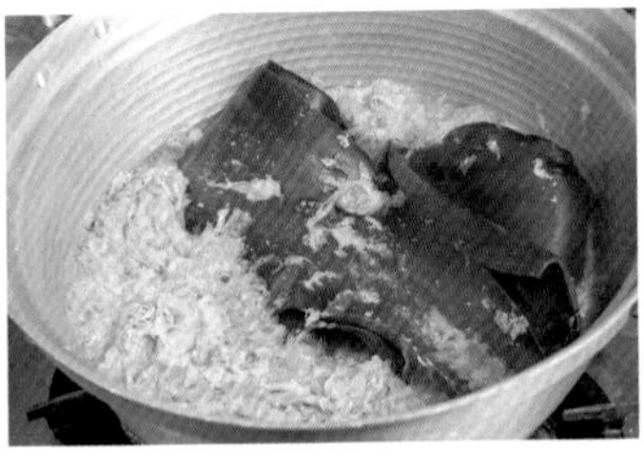

2 開中火，熬煮約 10 分鐘。

3 撈出昆布，用隔著烘焙紙的濾網過濾高湯。

4 用湯勺擠壓出湯渣裡剩餘的精華。

◎明蝦高湯

在蝦類中，明蝦的蝦殼最能熬製出品質上乘的高湯。有些高湯會連帶著有蝦膏的蝦頭一起下鍋熬煮，但這裡只使用蝦殼的部分，如此便能熬製出香氣勾人、汁水清澄的琥珀色高湯。蝦殼經過炙烤再熬煮，才能展現原有的風味。烤前先稍微汆燙一下，能防止蝦殼變色。

材料

明蝦的蝦殼（不含蝦膏）……………………………1kg

昆布（羅臼昆布）……25g

水（純水）……………適量

日本酒（純米酒）… 20mℓ

1 等鍋裡的水煮沸後，再放入野生明蝦的蝦殼。

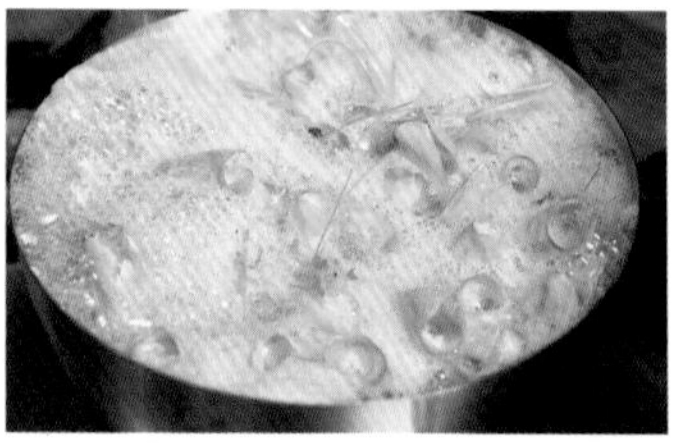

2 再次沸騰後，以濾網撈出蝦殼，瀝乾水分。

3 將 2 的蝦殼平攤在烤盤上，烤箱設定中火烘烤。

4 烤出焦色後，將蝦殼翻面以相同的方式再次烘烤，直到烤出香氣。

5 將 4 的蝦殼放入鍋中加水，接著加入日本酒和昆布。

6 先以大火煮沸，撈除浮沫後轉中火，接下來就不用再理會浮沫，只需將火候控制在冒泡的程度，繼續加熱 30 分鐘左右。

7 用隔著烘焙紙的濾網過濾高湯。

＊ 蝦頭粉碎之後可冷凍保存，在熬製濃郁的高湯時使用。水煮沸後加入粉碎的蝦殼，撈除浮沫、瀝乾水分，放入烤箱烘烤，參照上述的作法熬製高湯。

＊ 蝦蟹清洗完畢後，若把蝦殼、蟹殼放著不管就會發黑，必須立刻冷凍，等囤積到一定的分量後就可以用來熬煮高湯了。

明蝦高湯煎蛋捲

為了突顯明蝦的鮮紅，雞蛋選用的是蛋黃為白色的米雞蛋（米卵）*。

*譯註：以米餵養的雞隻，產下的雞蛋連蛋白都呈米白色。

材料

雞蛋（米雞蛋）……………………5顆
明蝦（用菜刀剁成蝦蓉）……適量
明蝦高湯（參照p.138）…120mℓ
鹽、淡口醬油…………………各少許
米糠油…………………………適量
醬色蘿蔔泥（蘿蔔泥中加入少許淡口醬油混合）…………………少許
山椒嫩葉………………………少許

1 將雞蛋和明蝦高湯輕輕攪拌混合，加入少許的鹽與淡口醬油調味，再放入剁碎的蝦蓉。

2 煎蛋鍋裡倒入米糠油開火，把1煎成雞蛋捲。

3 將2切成5等分盛盤，疊上醬色蘿蔔泥，以山椒嫩葉裝飾點綴。

明蝦真丈

將明蝦從裡到外全部用上的一道椀物料理。

材料

- 明蝦……1隻
- 明蝦肉（用菜刀剁成蝦蓉）……100g
- 白身魚肉漿……80g
- 蛋汁
  - 蛋黃……1個
  - 蝦膏油（參照 p.155）…100mℓ
  - 蝦膏（參照 p.155，蝦膏油底的沉澱物）……20g
- 昆布高湯（參照 p.135）……適量
- 明蝦高湯（參照 p.138）……適量
- 鹽、淡口醬油……各少許
- 山椒嫩葉……少許

1 製作蛋汁。將一顆蛋黃打入大碗裡，慢慢加入蝦膏油，用打蛋器攪拌混合均勻。接著加入蝦膏繼續攪拌混合。

2 將剁碎的蝦蓉、白身魚肉漿和1的蛋汁攪拌混合，加入昆布高湯後稍等一會兒，便可開始製作真丈。

3 把2捏成丸子狀，放入鹽水中汆燙。

4 明蝦放入鹽水中稍微汆燙一下，剝去蝦殼只留尾巴部分（事先取出蝦膏）。切開蝦肉，為了方便食用，可在蝦背處劃一刀。

5 將3的真丈、4的明蝦盛入碗中，疊上蝦膏和切碎的山椒嫩葉。

6 加熱明蝦高湯，以鹽和淡口醬油調味，倒入5的碗中。

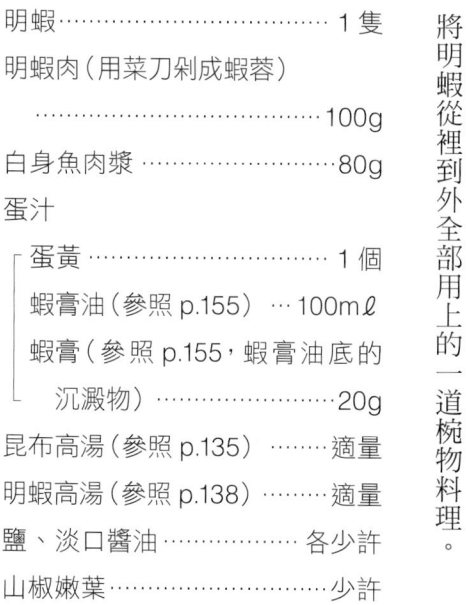

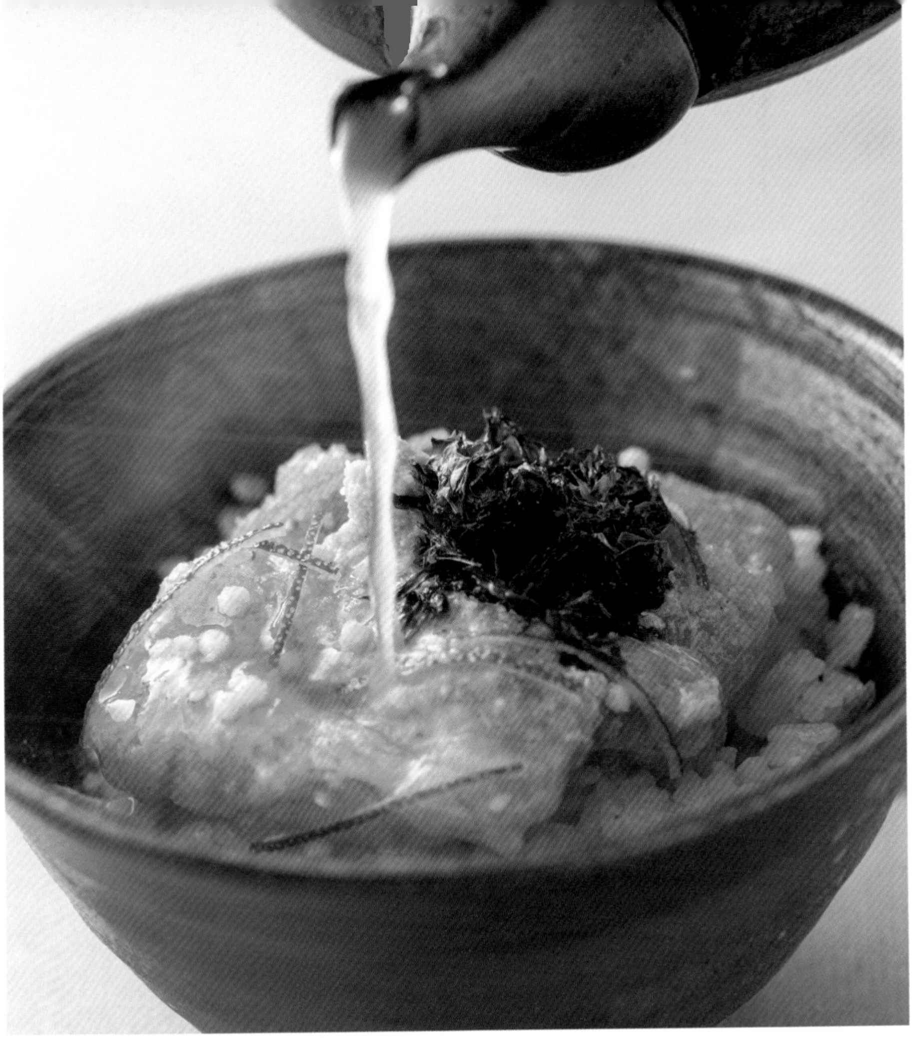

明蝦茶泡飯

鯛魚茶泡飯的明蝦版本。

材料

明蝦（活蝦，作為生魚片用）……3隻
芝麻……適量
濃口醬油……適量
烤海苔（切絲狀）……適量
雪餅……適量
山葵（磨成泥狀）……適量
青柚子皮（切細絲）……適量
明蝦高湯（參照 P.138）……100mℓ
白飯……100mℓ

1 芝麻倒入研磨缽裡，慢慢少量加入醬油，仔細研磨混合。
2 明蝦去殼開腹。
3 茶碗中添飯，讓2的蝦肉沾取1的醬汁後盛在白飯上。接著放入海苔、雪餅、山葵泥、切成細絲的柚子皮。
4 將明蝦高湯加熱至滾燙，從3的上方淋下。

◎櫻花蝦高湯

完美融合當季櫻花蝦的美味與美麗色澤的一道高湯。只要煮一鍋飯，將熬製過高湯的櫻花蝦油炸過後加入白飯裡，就成了櫻花蝦炊飯。

為了填補櫻花蝦的鮮味，這裡的昆布高湯採用的是能讓湯頭更濃郁的冷泡法。

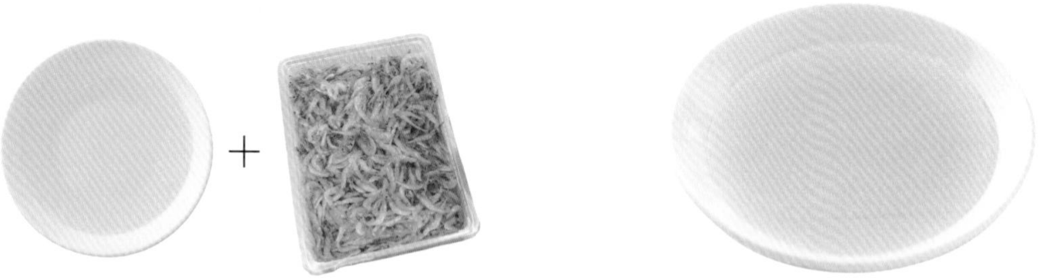

材料

櫻花蝦（生鮮）……500g

昆布高湯

- 昆布（羅臼昆布）…60g
- 水（純水）…………2ℓ

1 昆布泡入純水中，在冰箱裡靜置1天，完成冷泡昆布高湯。仔細將櫻花蝦清理乾淨。

2 從昆布高湯中撈出昆布，開火加熱。

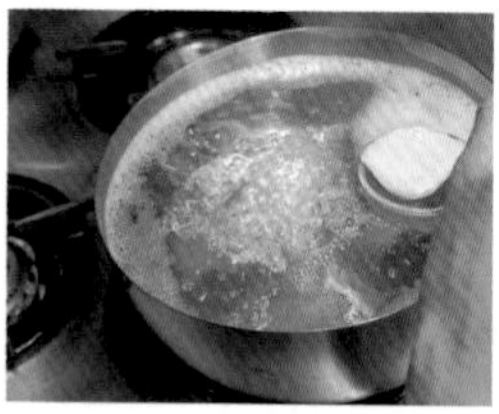

3 沸騰後稍微撈除浮沫（泡泡）。

4 加入櫻花蝦，開大火熬煮（這一步驟的火候若沒控制好，櫻花蝦就會變色發黑了）。

5 撈除浮沫。

6 沸騰後，用隔著烘焙紙的濾網過濾高湯。

7 透著淡淡粉色的高湯。

8 殘留在濾網裡的櫻花蝦餘熱退去後，直接用手擰壓。

9 將擠出的汁水加入7的高湯中。

＊ 擰壓後的櫻花蝦。經過油炸可和煮好的白飯拌著吃。

高湯科學

櫻花蝦豐富的麩胺酸含量足以和明蝦一較高下，肌苷酸含量雖然差強人意，卻也能熬製出帶有鮮味的高湯。在羅臼昆布的加持下，應該能熬煮出鮮味濃郁又富有層次感的高湯。

櫻花蝦炊飯

只加入櫻花蝦的炊飯。為了突顯美麗的色澤，調味料也會盡量控制在最少用量。

材料（3人份）

櫻花蝦高湯（參照 p.142）……540mℓ
櫻花蝦（依照 p.142 的作法，熬製高湯後剩下的湯渣）……200g
米（泡水）……600g
油炸用油（米糠油）……適量
鹽……適量（高湯的 1%）
日本酒……20mℓ

1 櫻花蝦高湯中加入鹽、日本酒，和泡水的米一起煮。
2 熬煮過高湯的櫻花蝦以200℃的油直接裸炸，在烘焙紙上瀝乾油分後，撒一小撮鹽。
3 1煮好後，將2的櫻花蝦鋪在白飯上。

◎快速蝦高湯（二番高湯＋蝦殼）

這是以二番高湯為基底，熬製蝦或蟹高湯的方法。應用在突然需要供應蝦蟹高湯的時候，是非常便捷的熬製手法。二番高湯本就具備鮮味，這裡只需要加入蝦蟹的香氣即可。這種方法也能製作出極具風味的高湯。

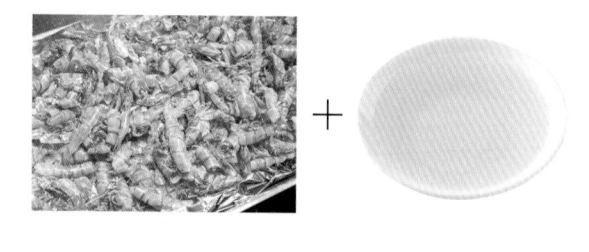

＋

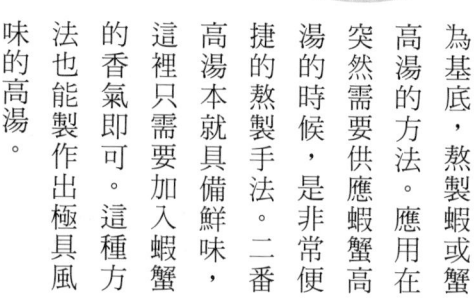

材料

明蝦的蝦殼（攤平鋪開後，用空氣循環機風乾 1 天的乾燥蝦殼）……………………………30g
二番高湯（參照 p.137）…1ℓ

1 將明蝦的蝦殼平攤在烤盤上，放入已點火的烘烤台中，以中火烘烤。

2 蝦殼烤至酥脆，但注意別讓蝦殼烤焦。從烤好的蝦殼中，取出 30g 的分量。

3 鍋裡倒入二番高湯，溫度控制在接近沸騰（80℃）的程度（沸騰會讓高湯發澀，昆布和鮪魚的香氣也會因此消散，需多加注意）。

4 在 3 裡加入 2 的蝦殼，加熱約 30 秒。

5 用隔著烘焙紙的濾網過濾高湯。

海老溫麵

清澈爽口的蝦高湯，與麵條最為合拍。

材料

麵條……適量
明蝦……1隻（1人份）
青蔥（切蔥花，泡水去除辛辣）……適量
柚子皮……適量
快速蝦高湯（參照 p.144）……適量
鹽、淡口醬油、味醂……適量

1 明蝦用鹽水汆燙1分鐘，去殼開腹。為了方便入口，可用菜刀在表面淺劃幾刀。

2 鍋中倒入快速蝦高湯煮沸，以鹽、淡口醬油、味醂調味。

3 麵條煮熟，趁溫度還沒散去前用清水沖洗降溫，瀝乾水分後盛入湯碗中。放入1的明蝦，倒入2加熱過的高湯，泡過水的蔥花疊放在明蝦上，最後灑入柚子碎皮。

◎快速蟹高湯（二番高湯＋蟹殼）

和144頁的快速蝦高湯使用相同的作法，只是這次的熬製材料換成蟹殼。

＋
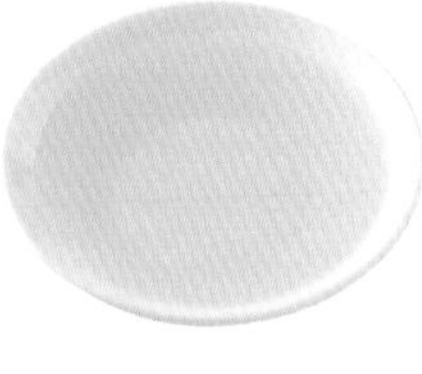
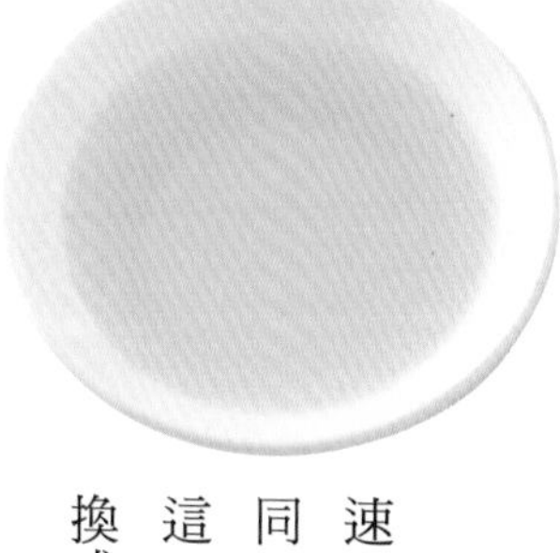

材料

松葉蟹的蟹殼（讓空氣循環機風乾 1 天的乾燥蟹殼）……100g
二番高湯（參照 p.137）…… 1 ℓ

1 將松葉蟹的蟹殼平攤在烤盤上，放入已點火的烘烤台中，以中火烘焙。

2 蟹殼烤至酥脆，但注意別讓蝦殼烤焦。烤好後取出。

3 用剪刀把 2 的蟹殼大致剪開，取 100g 的分量。

4 鍋裡倒入二番高湯，溫度控制在接近沸騰（80℃）的程度（沸騰會讓高湯發澀，昆布和鮪魚的香氣也會因此消散，需多加注意）。

5 在 4 裡加入 3 的蟹殼。

6 加熱約 30 秒。

7 用隔著烘焙紙的濾網過濾高湯。

松葉蟹白菜甘味煮

白菜和松葉蟹是非常搭的組合。把蟹高湯淋在白菜上蒸熟後，松葉蟹的鮮味也會牢牢沁入白菜中。↓212頁

塌棵菜炒蟹肉燉汁

乍看是中華風味，加入高湯後就成了和風的燉煮料理了。↓212頁

◎明蝦冷凍高湯

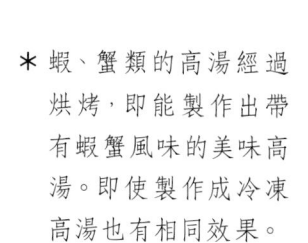

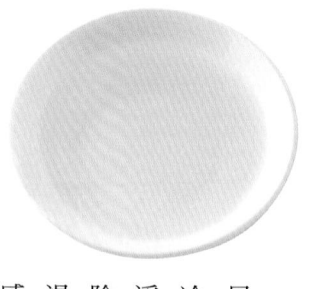

將烤過的甲殼類外殼和昆布一起浸泡在水中，經過冷凍製成的高湯。只萃取純淨的香氣和鮮味，是一道摒除其他雜味，極為純粹的高湯，也不會帶出昆布的黏稠感。只需將冷凍後的高湯擺在冰箱裡慢慢解凍，即能製作出美味的高湯。事先把前置作業處理好，在要使用的前一天從冷凍櫃移到冷藏室即可，無需耗費額外心力的製作過程，可說是相當輕鬆。用這道高湯來燉煮蔬菜，也能煮出清甜味美、沒有一絲雜質的燉菜料理。

材料

明蝦蝦殼（去除頭部，只留殼的部分）…· 400g
昆布（羅臼昆布）…60g
水（純水）…………2ℓ

1 將明蝦的外殼平攤在烤盤上，放進已點火的烘烤台中，直到烤出香氣。過程中需將蝦殼翻面，讓整體烤出焦色。

2 將1的蝦殼和昆布一起裝進密封袋中，加入水。

3 確實密封，放入冷凍櫃中冷凍。

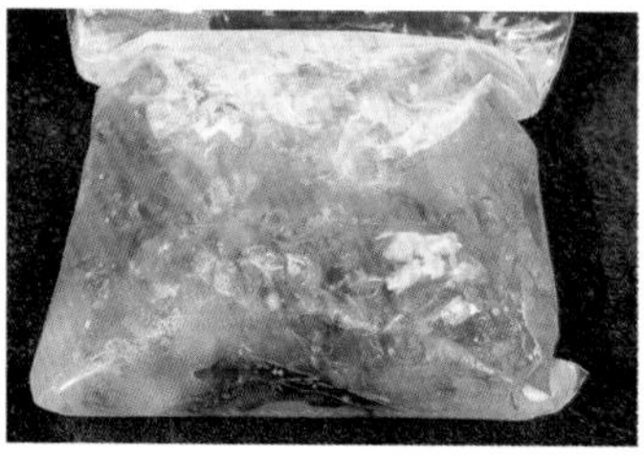

4 在冷凍的狀態下保存。

5 在要使用的前一天移到冷藏室解凍，用隔著烘焙紙的濾網過濾高湯。

＊蝦、蟹類的高湯經過烘烤，即能製作出帶有蝦蟹風味的美味高湯。即使製作成冷凍高湯也有相同效果。

高湯科學

烤過的明蝦因梅納反應產生的香氣很容易就揮發了，所以必須連同昆布一起冷凍以保存香氣。而昆布的海藻酸等增粘多醣類所組成的分子結構，會在冷凍高湯慢慢解凍的過程中，從濃度較高的部分開始化為液體，滴落成濃郁的高湯。正因為濃度高，即使在低溫狀態下也能融化，這種冷凍濃縮的方式又稱為 ice filtration。若要以這種方法製作濃郁高湯，最好是在完全解凍前進行過濾。

海老芋佐明蝦醬汁

蝦高湯燉煮海老芋，再經過油炸。在燉煮出來的湯汁裡加入蝦肉做成醬汁，每一口都能品嚐到明蝦的美味。

材料

- 明蝦冷凍高湯（參照p.148）……適量
- 海老芋……1/2顆
- 明蝦……2隻
- 片栗粉（日式太白粉）……適量
- 油炸用油……適量
- 鹽、味醂…各少許
- 葛粉……適量
- 柚子皮（切細絲）……少許

1 海老芋切六角形，在洗米水中煮熟，直到能用竹籤戳穿後，再放入水中冷卻。

2 等1冷卻後瀝乾水分，放進鍋裡加入明蝦冷凍高湯，以鹽、味醂調味，小火煨煮10分鐘左右，便可放到一旁自然冷卻。

3 將2的海老芋切成好入口的適當大小，仔細瀝乾水分後抹上薄薄一層片栗粉，用180℃的油溫油炸。盛入湯碗中。

4 明蝦去殼，用菜刀剁成蝦蓉。

5 開火加熱2鍋中的湯汁，放入4的蝦蓉。倒入葛粉水勾芡做成醬汁，澆淋在3上，最後疊上柚皮細絲裝飾。

◎松葉蟹冷凍高湯

和148頁的明蝦冷凍高湯相同作法，只是這次的熬製材料換成松葉蟹的蟹殼。

材料

松葉蟹的蟹殼…………600g
昆布（羅臼昆布）………60g
水（純水）………………2ℓ

1 將松葉蟹殼平攤在烤盤上，放進已點火的烘烤台中，直到烤出香氣。

2 烤好蟹殼後，立刻取出烤盤。

3 把蟹腳和尖銳的部分用剪刀剪斷（預防割破密封袋）。

4 將3的蟹殼與昆布一起裝進密封袋中，加入水。

5 確實密封，放入冷凍櫃中冷凍。

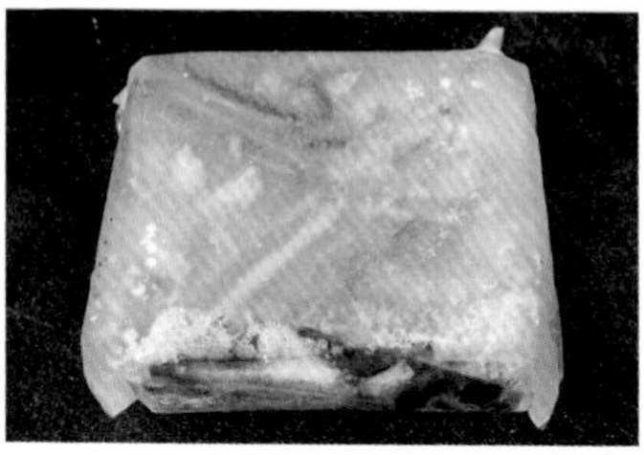

6 在冷凍的狀態下保存。

7 在要使用的前一天移到冷藏室解凍，用隔著烘焙紙的濾網過濾高湯。

浸滿松葉蟹高湯的鮭魚卵與松葉蟹

在松葉蟹高湯的浸染下，鮭魚卵和松葉蟹也有了更深的風味羈絆。↓212頁

松葉蟹膏燉蘿蔔

在被松葉蟹高湯燉煮入味的蘿蔔上，添一匙充滿蟹膏風味的味噌。↓213頁

◎甲殼類法式澄清湯

本店並不拘泥於和食派，也會引進其他各種類別的料理技法，這道法式澄清湯便是其中之一。外表看來是非常澄澈的高湯，卻具有濃醇誘人的蝦蟹風味，加上蔬菜特有的清甜，讓這道高湯的香氣與口感保持著絕妙的平衡。除此之外，還可以改變湯汁濃度更廣泛的運用在各色料理中。像是熬乾後做成佐味的醬汁，或是加入金華火腿和魚翅一起煨煮，搖身一變就成了中華料理。

材料

甲殼類高湯……約 5000mℓ
- 各種蝦、蟹的外殼（鹽水汆燙，取出蝦蟹肉後的外殼。冷凍保存後使用）……適量（能放滿外圍 34cm、高度 5cm 鍋子的分量）
- 水……約 5ℓ
- 日本酒……180mℓ

＊使用何種甲殼並不固定，有時候是單一蝦殼、有時是單一蟹殼。使用的種類不同，高湯風味也不同。這裡則是將花咲蟹、松葉蟹（母蟹）、日本訪長額蝦、牡丹蝦、甜蝦、猛者蝦的外殼混合使用。

A
- 生薑（削去外皮部分，切 1cm 丁狀）……1 小塊
- 胡蘿蔔（切 1cm 丁狀）……1 根
- 洋蔥（剝去外皮，切 1cm 丁狀）……1 顆
- 洋蔥皮……1 顆的量
- 雞絞肉（胸肉）…1kg
- 蛋白……4 顆
- 丁子香……3～5 粒

日本酒……180mℓ
番茄（切去蒂頭，在底部劃十字）……1 顆

＊不要放入香氣過於濃重的西洋芹或月桂葉。

1 熬製甲殼類高湯：在鍋子裡塞滿蝦殼和蟹殼。

2 加水淹沒過外殼，再倒入日本酒。

3 大火熬煮 2，沸騰後撈除浮沫（蝦殼愈多，就會冒出愈多浮沫）。

4 轉成中火（持續開大火會令湯汁變渾濁，小火則無法熬煮出高湯），不時確認一下味道，約加熱 30 分鐘。

5 用隔著烘焙紙的濾網過濾高湯。

6 完成的高湯。放入冰箱裡靜置一天。

7 製作法式澄清湯：把A的材料全放入深鍋裡，用手仔細攪拌混合。

8 在7裡加入冷卻的6高湯，注意不要讓下方渾濁的部分攪和入，每次舀一點高湯慢慢添加，繼續攪拌混合。

9 攪拌到一定程度後，將剩下的高湯全部加入攪拌均勻。再倒入180mℓ的日本酒。

10 開大火熬煮，不時把手伸到鍋底攪拌，注意別讓材料煮焦了（溫度控制在可將手伸進去的程度）。

11 變熱後，加入番茄。為了不讓食材黏在鍋底，需用木杓不時攪動，加熱到接近沸騰的程度。

12 絞肉和蔬菜浮上表面，接近沸騰不停冒泡後，便可轉成較小的中火。

13 在中央撥開一個洞，繼續熬煮20分鐘（若是時間過長，就會出現蝦、蟹類的腥臭味）。

14 法式澄清湯完成。

15 用湯勺謹慎地把湯汁舀進隔著烘焙紙的濾網中，一瓢接一瓢慢慢過濾。

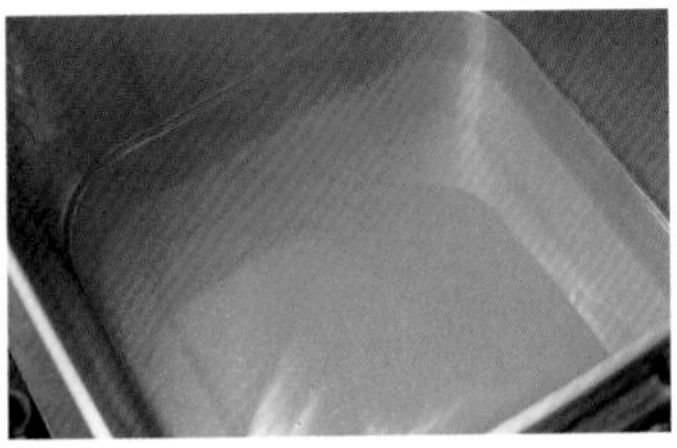

16 過濾後的法式澄清湯。隔冰水急速冷卻後，放冰箱靜置一天。

17 用15的方式再次過濾，撈除浮在上層的油脂。

＊ 在法式料理中，為了讓湯品保持清澈會使用牛絞肉，但換成蝦蟹時味道恐會被蓋過，於是改用氣味更清淡的雞胸肉。

高湯科學

高湯的渾濁多半來自分散的油脂所造成。法式料理中，自有一套藉由絞肉和蛋白的蛋白質吸附雜質，讓湯汁變清澄的技術。這裡則是將絞肉和蛋白拌進冰涼的高湯中，慢慢加熱令蛋白質變性，包覆住分散的油脂，再利用加熱產生對流讓雜質浮於表面。

明蝦法式澄清湯燉聖護院蘿蔔

將聖護院蘿蔔用蝦殼熬煮的法式澄清湯燉煮入味。為了突顯湯汁的美味，不再加入其他多餘的食材。

材料（方便製作的分量）

- 明蝦法式澄清湯（只使用明蝦蝦殼，依照 p.152 的方式熬煮）……適量
- 聖護院蘿蔔……1 根
- 柚子皮（切細絲）……適量

1 聖護院蘿蔔去皮，切成16等分。放入洗米水中煮熟，等待餘熱退去。

2 將1的蘿蔔放進鍋中，倒入明蝦澄清湯淹沒過食材，開火熬煮。

3 以1人1塊的分量分別盛入湯碗中，淋上60毫升的燉煮湯汁，疊上柚子皮細絲裝飾。

甲殼類的澄清湯醬汁與溫泉蛋

以甲殼類的澄清湯來製作醬汁。在這道醬汁的佐味下，連溫泉蛋都成了極盡奢侈的高雅料理。

材料（1人份）

雞蛋（*米雞蛋）……………………1顆
甲殼類法式澄清湯（參照 p.152）
………………適量（1人份 30mℓ）
葛粉……………………………………適量
蝦味雪餅 **、微型菜苗………各適量

* 米雞蛋：以米餵養的雞隻，產下的雞蛋連蛋白都呈米白色。
** 蝦味雪餅：雪餅裹上蝦膏油（參照下述），用烤爐烤至焦脆。

1 將米雞蛋煮成溫泉蛋，敲開盛入湯碗中。
2 加熱甲殼類法式澄清湯，倒入葛粉水勾芡，往1裡澆淋30毫升。灑入蝦味雪餅再疊上微型菜苗。

＊ 蝦膏油

①將冷凍保存的蝦頭（帶蝦膏）放入鍋中，加入等量的米糠油後開大火，溫度控制在150℃左右。不時翻炒預防黏鍋燒焦，待炒出香氣、蝦腳部位也變得酥脆後，就可在料理碗上架起濾網過濾。
②從上方用搗具把殘留在濾網裡的蝦殼壓碎，擠出更多蝦油。
③流入料理碗裡的蝦油就是蝦膏油。沉澱在下層的蝦膏可使用在重口味的菜色上。

◎藤壺高湯

藤壺有點類似螃蟹和貝類的綜合體，能熬製出美味的高湯。因為外殼也會煮出味道，請先加水再開火加熱。藤壺本身就是廣鹽性生物，調味時不需再另外放鹽。

材料

峰富士壺（青森縣產養殖）……2kg
青蔥（綠色部分）……適量
生薑（切薄片）……適量
料酒……360mℓ
水（純水）……適量

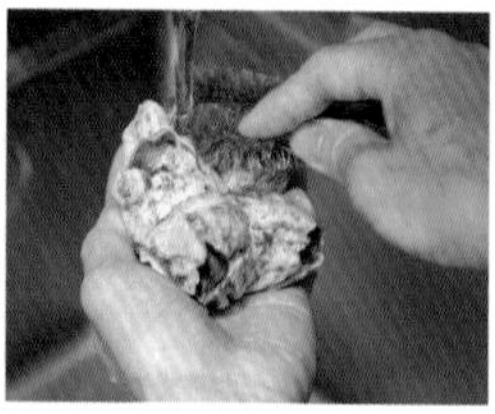

1 把藤壺放在流動的清水下，用鮑魚刷仔細清洗，去除髒汙。

2 將1放入鍋中，加入青蔥的綠色部分和生薑，倒入料酒、水淹沒過食材。

3 蓋上鋁箔紙，開火熬煮。

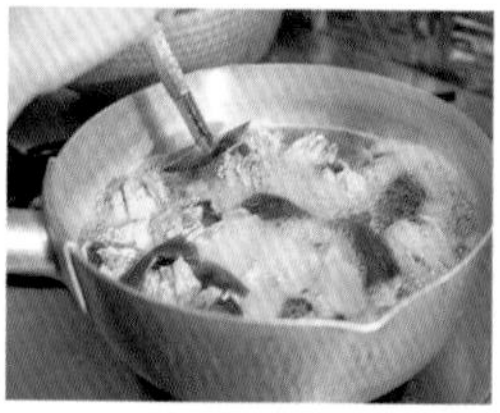

4 沸騰後撈除浮沫，再以大火煨煮3分鐘。

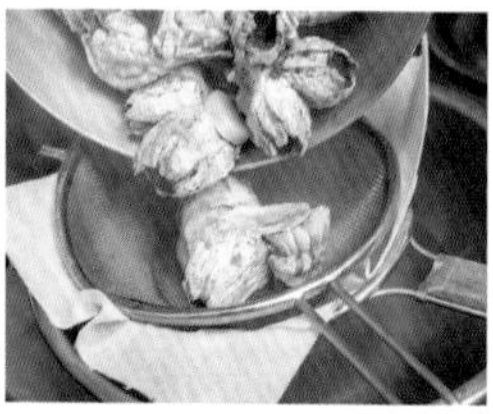

5 把隔著烘焙紙的濾網架在料理碗上過濾高湯。

6 等藤壺的餘熱稍退，用湯匙柄塞進殼裡，把藤壺肉從殼裡剝下。因藤壺殼裡也充滿汁水，這一步驟可在5的料理碗上進行。

7 用小鑷子挑出藤壺肉（藤壺肉會在料理中使用）。

＊把藤壺肉較硬的部分去除，處理乾淨後放入1%的鹽水中搓洗，去殼後的藤壺肉可在料理中使用。

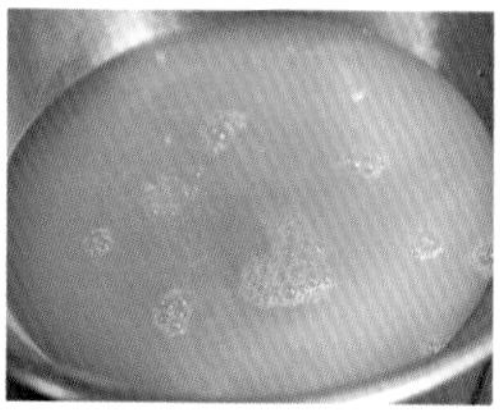

8 滿是鮮味的藤壺高湯完成。

藤壺蓴菜

酢橘的酸味，讓整道料理更爽口了。

材料

藤壺高湯（參照 p.156）適量
酢橘榨汁……………………適量
藤壺肉（依照 p.156 的作法，熬製高湯後的湯渣）….適量
蓴菜…………………………適量

1 把酢橘果汁擠入藤壺高湯中，放冰箱冷藏。

2 蓴菜稍微汆燙一下，等顏色出來後，立刻放入冰水中冷卻。

3 將1盛盤，隨意灑下2的蓴菜和藤壺肉。

藤壺凍

把藤壺高湯做成類似寒天的湯凍。鹽分已經足夠，不需要再另外加鹽。↓213頁

藤壺高湯椀物

以藤壺高湯為主角的椀物料理。↓213頁

藤壺茶碗蒸

調味僅有藤壺的鮮味與鹽。

材料

藤壺高湯（參照 p.156）…………4（比例）
雞蛋…………1（比例）
藤壺肉（依照 p.156 的作法，熬製高湯後的湯渣）…適量
生薑（磨成薑泥）………適量

1 以雞蛋1：藤壺高湯4的比例攪拌混合後過篩。倒入碗中，放進已預熱好的蒸鍋中蒸15分鐘。

2 在蒸好的1上擺放藤壺肉與薑泥，再次放進蒸鍋中保溫。

◎和風蝦味濃湯

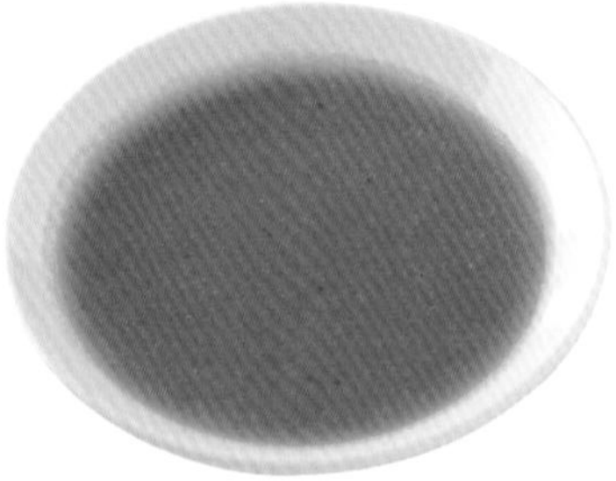

這一道高湯不是以傳統日本料理的手法處理。一般的法式濃湯都是蔬菜占比稍微多一些，但這裡我們換成了以蝦殼的占比為重，並且捨棄大蒜，改加入生薑和昆布，原本的白酒則換成日本酒和一番高湯，不同於正統的法式料理，而是更偏向和食的口味。

材料（方便製作的分量）

- 蝦殼、蝦頭（帶蝦膏）……1kg
- 青蔥（綠色部分）……30g
- 生薑……20g
- 米糠油……180mℓ
- 洋蔥（切碎）……1 顆
- 西洋芹（切碎）……1 根
- 胡蘿蔔（切碎）……1 根
- 日本酒……200mℓ
- 白飯……100g
- 番茄汁（無鹽）……500mℓ
- 一番高湯（參照 p.136）…500mℓ
- 水（純水）……500mℓ

1 用米糠油將青蔥、生薑炒出香氣。

2 炒出香氣後，加入蝦殼和蝦頭，邊用木勺壓碎邊翻炒（大火→中火），直到把蝦殼炒熟（看起來像黏在炒鍋上）。

3 控制火候，直到整體都炒成紅色（若沒有從一開始就讓所有材料都受熱，炒完後會變得黑黑的）。

4 炒出香氣後，接著加入洋蔥、西洋芹、胡蘿蔔。

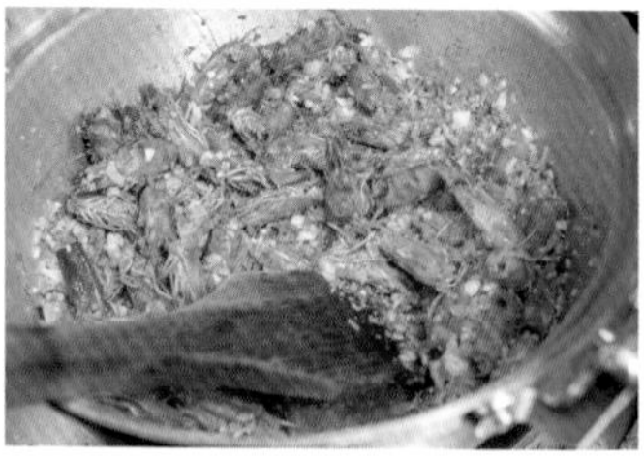

5 翻炒。

6 中火翻炒約 15 分鐘，直到炒出香氣，食材黏附在鍋身上（這就形成了蝦子獨特的鮮味，但要注意別炒焦了）。

7 若是黏附在鍋子的側面，可用鍋鏟上下翻動。之後再重複翻面 1～2 次，接著加大火候，等炒得差不多時加入日本酒。

8 把黏在鍋身上的部分刮下來。

9 開大火讓酒精揮發後，把白飯、番茄汁、一番高湯倒入攪拌混合，大火熬煮約 15 分鐘。

10 關火。在常溫中靜置冷卻，等餘熱稍微散去後，倒入食物調理機。

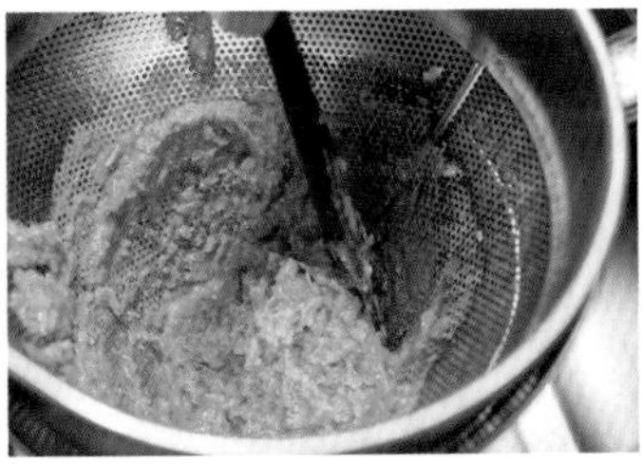

11 將兩個網眼大小不同的漏勺疊在一起架在盛裝的容器上，倒入 10，用木勺邊擠壓邊過濾高湯。

12 留在漏勺裡的湯渣。

13 將 12 剩餘的湯渣倒回鍋內，加入 500mℓ 的水熬煮 10 分鐘。黏在鍋身上的湯渣也用塑膠鍋鏟刮下來。

14 再次用篩網過濾後，放上 11 的漏勺，再一次用鍋鏟擠壓，把高湯過濾到容器裡。

15 完成。

＊ 先以篩網孔徑較粗的濾網過濾一遍，再由下方孔徑較細的濾網過濾第二遍，讓口感更細膩滑順。如果一開始就用細孔徑的濾網過濾，湯汁就無法順利滴落了。

和風明蝦濃湯

加入鮮奶油，只用鹽調味也能煮出美味的湯品。

材料（1人份）

和風蝦味濃湯（參照p.160，用明蝦的蝦頭和蝦殼熬製而成的高湯）⋯⋯50mℓ
鮮奶油（乳脂肪含量35%）⋯⋯25mℓ
鹽、黑胡椒粒⋯⋯各適量
雪餅⋯⋯適量

1 和風蝦味濃湯倒入鍋中開火，加熱後倒入鮮奶油攪拌混合，以鹽調味。

2 在溫熱過的湯碗中倒入1的濃湯，灑上黑胡椒粒和雪餅。

明蝦高麗菜捲

濃湯也能作為味道濃郁的醬汁使用。

材料（1人份）

和風蝦味濃湯（參照p.160，用明蝦的蝦頭和蝦殼熬製而成的高湯）……適量
一番高湯（參照p.136）……少許
明蝦（新鮮的明蝦去殼，用菜刀剁成蝦蓉）……20g
高麗菜（鹽水燙熟）……1片
鹽……少許
葛粉水……適量
微型菜苗……少許

1 將剁碎的蝦蓉用高麗菜葉片裹起，放進已預熱的蒸鍋裡蒸10分鐘。

2 在和風蝦味濃湯中加入少許一番高湯，以鹽調味，倒入葛粉水勾芡。

3 在砂鍋裡放入1，澆淋2，添上微型菜苗。

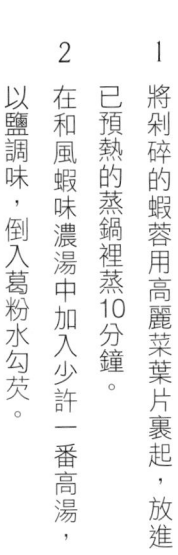

◎醇厚的蟹味高湯

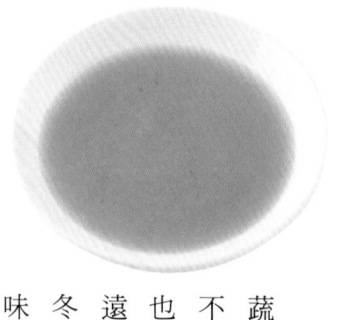

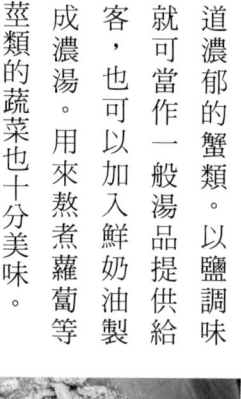

一道以螃蟹的鮮味融合蔬菜清甜的醇厚湯品。使用不同的蟹殼，熬煮出的味道也會有所改變。夏天的話，遠海梭子蟹的味道較為清爽，冬天則改用毛蟹或松葉蟹等味道濃郁的蟹類。以鹽調味後就可當作一般湯品提供給顧客，也可以加入鮮奶油製作成濃湯。用來熬煮蘿蔔等根莖類的蔬菜也十分美味。

材料

- 蟹殼（帶蟹膏＊）……1kg
- 米糠油……少許
- 日本酒……500mℓ
- 一番高湯（參照 P.136）……500mℓ
- 水（純水）……500mℓ＋1ℓ
- 沙拉油……適量
- 青蔥（綠色部分，切蔥花）……20g
- 生薑（切細碎）……10g
- 洋蔥（切細碎）……20g
- 西洋芹（切細碎）……10g
- 胡蘿蔔（切細碎）……20g
- 番茄（或使用罐裝番茄，切丁）…1顆
- 白飯……50g

＊當天氽燙，取出蟹肉後的蟹殼（每天供應的螃蟹種類不一定相同）。若使用含有蟹膏的蟹殼就會熬製出味道濃郁的高湯；沒有蟹膏的蟹殼則會煮出清爽的高湯。

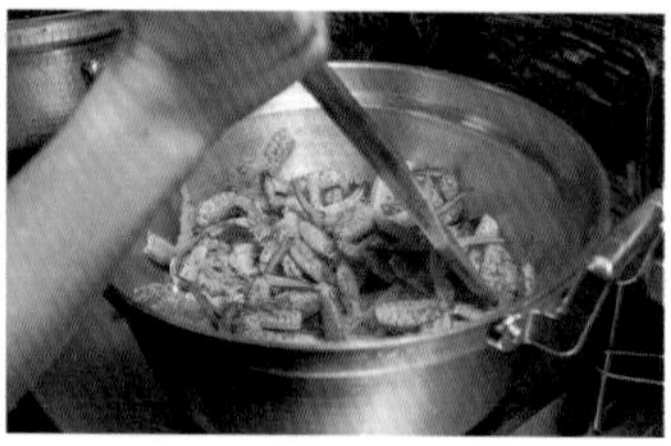

1 鍋中倒入米糠油後開大火，放入蟹殼，用鍋鏟將蟹殼壓碎，讓每一塊都均勻受熱。盡量將蟹殼壓到細碎才容易出汁。

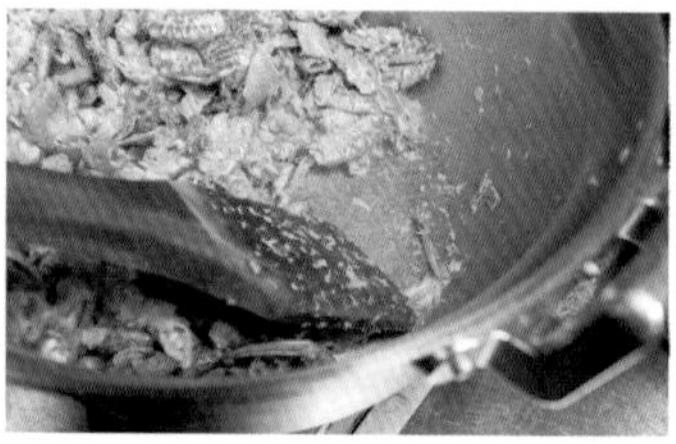

2 水分收乾後轉中火，不斷攪拌混合，別讓材料黏鍋或燒焦，一直翻炒到出現香氣（也可以用烤箱烘烤）。

＊沾黏在鍋壁上的部分雖是美味的來源，但只要有一個地方燒焦了，整鍋蟹殼就會報廢，必須一邊確認香氣一邊不斷翻炒（快要燒焦前的狀態才最美味）。

3 倒入日本酒，等待酒精完全揮發的同時，刮下鍋身上黏附的材料，接著加入一番高湯和500mℓ的水。沸騰後繼續熬煮10分鐘。

4 把3倒入食物調理機中攪拌。

5 用雙層濾網過濾高湯。

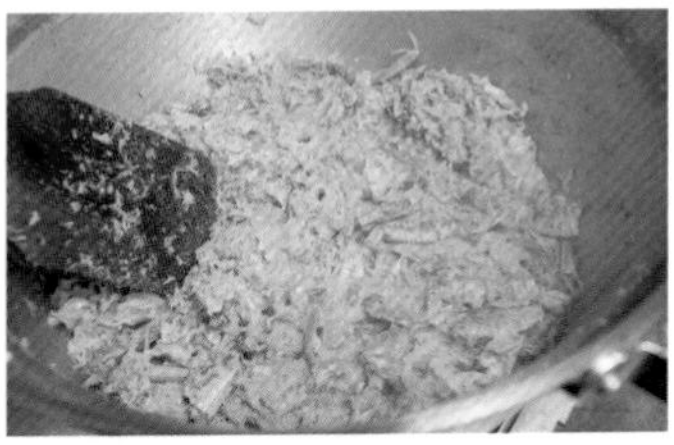

6 把留在濾網中的湯渣倒回鍋裡，加 1 公升的水煮沸。沸騰後轉中火繼續熬煮 10 分鐘。

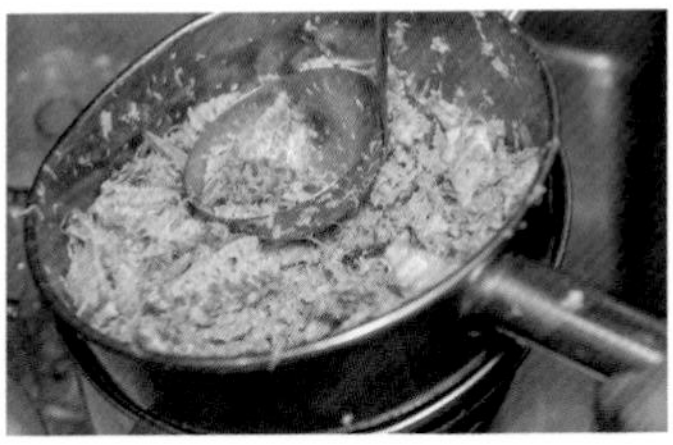

7 把 6 倒進雙層濾網，從上方擠壓過濾，和 5 的液體混合。

8 另起一鍋倒入沙拉油和青蔥，加生薑拌炒。

9 炒出香氣後，接著加入洋蔥、西洋芹、胡蘿蔔，將鍋中的材料炒出焦黃色。再從中火轉小火，慢慢炒出蔬菜的甜味。

10 加入番茄。

11 加入白飯（為了提高湯汁濃度）。

12 在 11 中少量多次加入 7 的湯汁攪拌混合，繼續加熱。

13 沸騰後轉小火，熬煮 10 ～ 20 分鐘。

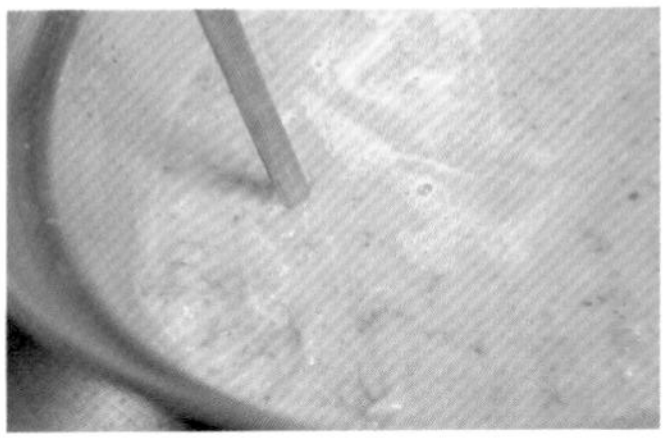

14 用手持式攪拌棒拌勻。利用白飯的澱粉形成黏稠感。

＊ 用細孔徑濾網疊上粗孔徑濾網，製作成雙層濾網使用。

15 倒入雙層濾網裡，用湯勺擠壓過濾高湯。

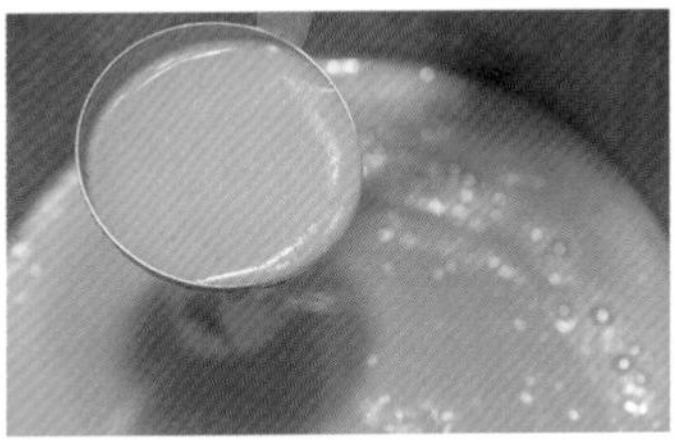

16 完成。

蟹味濃湯

每一口都能享受到濃郁的螃蟹風味，是一道充滿日式風情的濃湯。

材料（1人份）

- 醇厚的蟹味高湯（參照p.164）……適量
- 毛蟹肉（鹽水汆燙後，從殼中取的蟹肉）…適量
- 生薑（薑絲）……少許
- 鹽……適量

1 把毛蟹肉放在烘烤台上加熱，烤出香氣。

2 將1盛入湯碗中，倒入加熱後以鹽調味的醇厚蟹味高湯。在蟹肉上擺放生薑絲。

異國料理主廚的日式高湯

「Sublime」

加藤順一

「Sublime」（スブリム）是位在東京．麻布十番的法式料理餐廳。由加藤順一氏擔任主廚。

加藤主廚自料理學校畢業後，曾在芝公園飯店內的法式餐廳「TATERU YOSHINO（タテル ヨシノ）」研修廚藝，接著在和歌山的「hotel de yoshino（オテル ド ヨシノ）」擔任副主廚。之後前往法國進修，在巴黎的「Astrance」工作一陣子後，又前往丹麥．哥本哈根的「AOC」、「馬歇爾餐館（レストランマーシャル）」學習北歐料理。回國後，在二〇一五年加入同年開張的「Sublime」擔任主廚。

本店以法式料理的料理手法為基礎，融合了北歐的料理技術和呈現方式，積極運用日本的食材製作出充滿原創性的特色料理。

在法式料理中，經常使用一種以甲殼類熬煮出的奶油醬，名叫Bisque。Bisque是非常美味的醬汁，原本是為了搭配螯蝦而製作出來的沾料。在打算用伊勢龍蝦入菜時，我也第一次嘗試了以Bisque搭配，製作出的法式料理醬汁實在太美味了。吃的時候，我反而對醬汁留下更深刻的印象。

伊勢龍蝦的口感比螯蝦柔軟許多。所以我希望這道料理（168頁）能突顯出這份柔嫩感，為了不讓食材沾染過多的食物香氣，只加入奶油以低溫烹調。但如果拿出美味到極致的鹹味醬汁作為搭配又會如何呢？我不由得對此感到疑惑。畢竟用上這道醬汁後，不管是螯蝦、伊勢龍蝦、還是明蝦或草蝦，給人的印象都沒什麼差別了，就算用心挑選再可口美味的食材，似乎也沒有任何意義。前來用餐的顧客或許會因料理本身感到美味，但實在無法違心說出這是一道活用了食材的料理。從食用素材的觀點出發，我希望能用其他醬汁來搭配伊勢龍蝦，於是混合了鮪魚乾高湯和加了香草的醬汁，可以說是非常和食的思考模式了。

我們身處在選擇多樣、各式各樣有趣的食材都能加以應用的時代。在法式料理中使用和風高湯也不像從前那麼稀罕了，但我只會在需要該食材時才會使用。並不是為了想使用日式高湯，而去考慮該怎麼製作料理。

一旦有了「因為是和食高湯」這種既定概念，說不定反而會無法隨心所欲地運用。使用了鰹魚乾的高湯有種煙燻香氣，如果能調製出帶有鮮味又具備煙燻香氣的醬汁，可運用的範圍應該也會更廣泛吧。不過我在這方面並沒有過多的追求，只是把醬汁當作襯托食材的配料之一罷了。

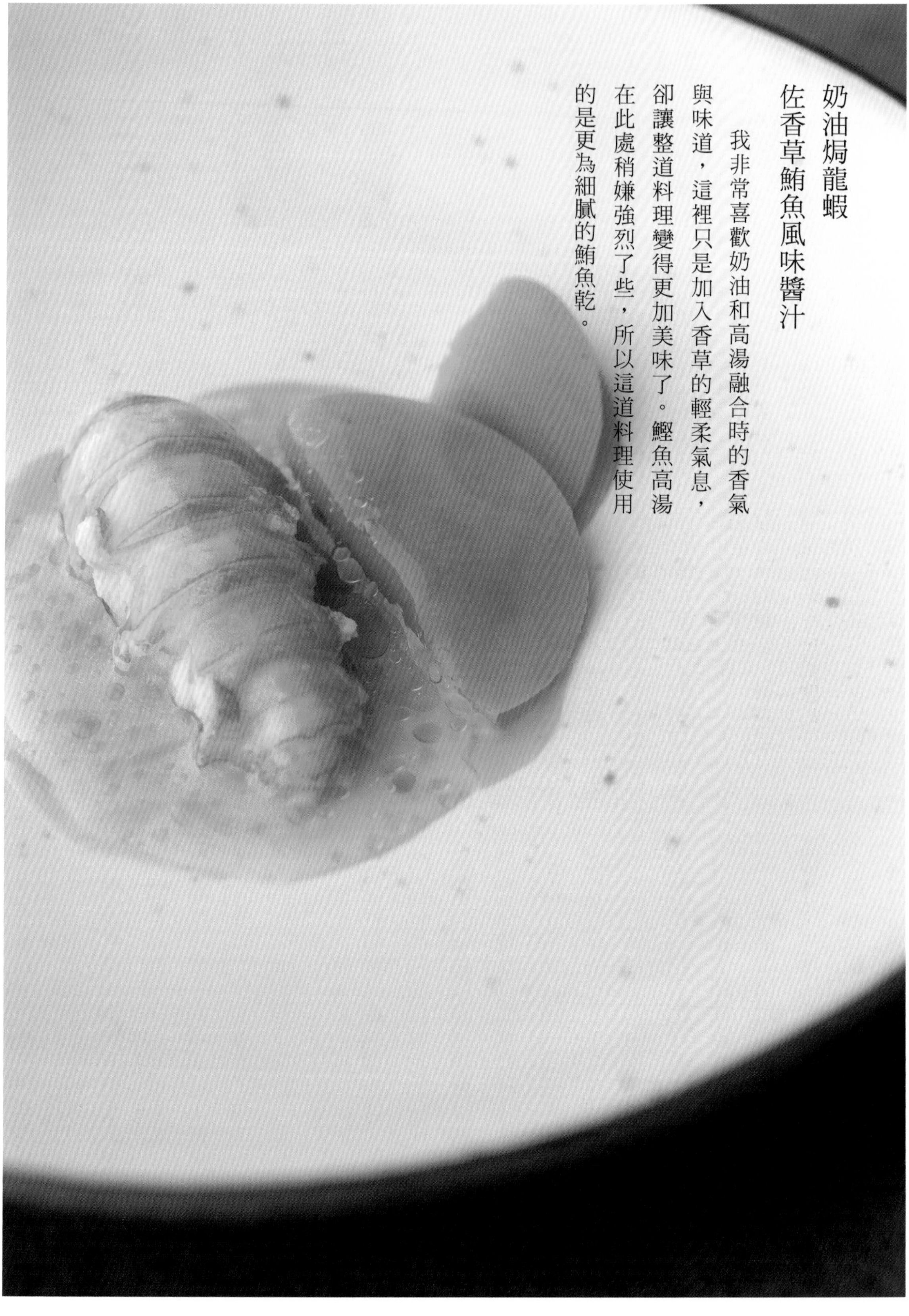

奶油焗龍蝦
佐香草鮪魚風味醬汁

我非常喜歡奶油和高湯融合時的香氣與味道，這裡只是加入香草的輕柔氣息，卻讓整道料理變得更加美味了。鰹魚高湯在此處稍嫌強烈了些，所以這道料理使用的是更為細膩的鮪魚乾。

香箱蟹肉凍
佐生薑風味醬汁

我原本就很喜歡螃蟹和生薑的組合，用來讓蟹肉入味的清湯也是生薑昆布風味。內層夾著洋蔥慕斯，最後再疊上融合了生薑的昆布汁製作而成的凍片。薄薄一張凍片，卻能在入口後享受到味覺與口感的變化，是非常適合作為前菜的一道料理。

奶油焗龍蝦
佐香草鮪魚風味醬汁

材料

伊勢龍蝦……1隻
奶油（無鹽）……適量
醬汁
- 昆布高湯＊……適量
- 鮪魚乾……適量
- 葛粉……適量
- 迷迭香油＊＊……適量

鶴首南瓜泡菜＊＊＊……適量

＊昆布高湯：利尻昆布放入水中，以60℃熬煮約1小時。

＊＊迷迭香油：以迷迭香1：葵花籽油2的比例混合後用攪拌機打勻，再用乾淨的布過濾。

＊＊＊鶴首南瓜泡菜：將處理過的鶴首南瓜泥塞進鶴首南瓜中，做成醃漬南瓜。

1 伊勢龍蝦放入沸騰的滾水裡汆燙1分鐘，立即以冰水冷卻。冷卻後從殼裡取出龍蝦肉。

2 奶油入鍋以低溫加熱，放入1的龍蝦肉，注意不要煎出顏色，慢慢煎至半熟。

3 醬汁：昆布高湯中放入鮪魚乾片，沸騰後過濾，熬製出一番高湯。倒入葛粉水勾芡，再滴上迷迭香油。

4 將2的伊勢龍蝦盛盤，加入鶴首南瓜泡菜，最後淋上加熱過的3醬汁。

香箱蟹肉凍
佐生薑風味醬汁

材料

香箱蟹……適量
提味辛香料、生薑、昆布（利尻昆布）、蛋白、吉利丁片（泡軟後）……各適量
香草（蝦夷蔥、細菜香芹、茼蒿、平葉芫荽、蒔蘿）……適量
洋蔥慕斯
- 洋蔥、奶油（無鹽）、蛋白……各適量

生薑昆布凍片
- 昆布（利尻昆布）、生薑、伊那寒天……各適量

茼蒿微型菜苗（茼蒿的苗芽）……少許
茼蒿油＊……少許

＊茼蒿油：以茼蒿1：葵花籽油2的比例混合後用攪拌機攪打均勻，再用乾淨的布過濾。

1 汆燙香箱蟹，取出蟹肉、蟹膏、內子和外子＊（保留蟹殼）。將蟹肉撕開。

2 另取一隻活的香箱蟹切大塊，和1的蟹殼、提味辛香料、生薑、昆布放入鍋中，加水後開火，約加熱2小時製成螃蟹高湯。

3 利用蛋白讓2的高湯去除渾濁，成為清澈的法式澄清湯。

4 在3裡加入吉利丁片，放入撕散的香箱蟹肉和香草混合。

5 洋蔥慕斯：切成薄片的洋蔥用奶油慢慢炒，但注意不要炒出顏色。炒熟後用食物調理機打成泥狀。加入蛋白後利用氮氣化物或二氧化碳做成慕斯。

6 生薑昆布凍片：昆布加水，以60℃熬煮1小時做成昆布汁。取適量的昆布汁加熱使沸騰，關火後加入幾片生薑片。等香味融入昆布汁後過濾。在生薑昆布汁中加入伊那寒天，拉薄後固定成圓形。

7 將4盛盤，擠上5的洋蔥慕斯，再以6的生薑昆布凍片蓋住。最後灑入茼蒿的苗芽，滴幾滴茼蒿油。

＊譯註：「內子」是呈橙色而未成熟的蟹卵，「外子」則是成熟後流出卵巢並呈咖啡色的蟹卵。

異國料理主廚的日式高湯

「Don Bravo」

平雅一

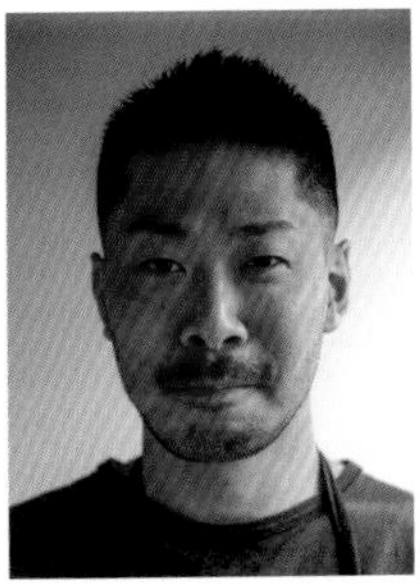

「Don Bravo」是位於東京・調布市國領的義大利料理餐廳。

平雅一主廚的料理研修之旅從林冬青氏在廣尾經營的「ACCA」啟程。之後前往義大利，在佛羅倫斯的「la Tenda Rossa」等幾家餐廳累積廚藝。回國後，曾為「Ristorantino Barca（現改名為「TACUBO」）」的開店添磚加瓦，在下馬的「boccondivino」擔任主廚後自立門戶。於二〇一二年開了屬於自己的「Don Bravo」。

將自己至今為止的餐飲體驗和義大利鄉土料理相互對照，遊刃有餘地融入日本的食材和料理技法，目標是不局限於既有的義大利料理，要為顧客提供更多美好的可口食物。

其實不只高湯，我並沒有特別意識到自己所做的料理屬於何種類別。只是當時研修廚藝的餐廳是義大利餐廳，後來前往的國家剛好是義大利而已。

作為一間餐廳，如果想將正統的義大利料理端上桌，就不該使用高湯或醬油等調味品，而是要以來自義大利的食材，做出最接近當地口味的料理才行，但我想做的是把自己認為最好吃的料理端上桌讓客人享用，所以才開了這間餐廳。在料理上，若是加入高湯會讓整道菜餚更出色，使用日式高湯也並無不可，否則就跟我想做出美味料理的理念背道而馳了。

回國後，我與擅長不同料理的主廚們都有往來，在參與交流會時獲得的知識和情報都被我一點一滴融入到自己的料理中。日式高湯的熬製方法也是我從專業的日本料理師傅那裡學來的。

本店只提供套餐。若是單點料理，就得在單一餐盤上取得平衡，但以套餐來說，顧及到套餐的整體平衡，應該能給前來用餐的顧客帶來更多的感動吧。在這之中，當然也有讓鮮味發揚光大的時候。

日式高湯含有西式高湯所沒有的鮮味、味覺平衡與寧靜；對日本人而言，更有種難以用筆墨形容的安心感。想著要來吃義大利料理的客人也會在菜品入口時感受到意外之喜，作為套餐的前菜正合適。例如現在的套餐所推出的第一道「義大利雜菜湯」，就是利用蔬菜的邊角料熬製而成的高湯混合雞汁高湯，再滴上幾滴橄欖油即可送上餐桌。從料理名稱衍生出的想像可能會遭到背叛，但應該能讓顧客們對初次品嚐的套餐充滿期待吧。

蛤蜊湯（vongole）

在蛤蜊最美味的時節，會作為本店套餐的第一道餐點推出。菜單上寫的是大家都耳熟能詳的料理名稱「蛤蜊湯」。端上桌後，才發現是與想像中完全不同的、非常日式的清澈湯汁。但送入口中又會意識到這並不是和食。追求的就是這種有意思的反差效果。而讓日式高湯向「義大利」靠攏的關鍵，就在於最後加入的橄欖油。

茶碗蒸

將茶碗蒸和「山利」家（和歌山）的魩仔魚相互結合的一道料理。鹽水煮過的魩仔魚帶有脂肪，口感軟嫩又美味。魩仔魚和雞蛋本來就很相配，在義大利也經常將這兩種食材做成歐姆蛋（義大利煎蛋）。但想讓魩仔魚本身細膩的味道得以發揮，比起歐姆蛋，加入高湯的茶碗蒸或許更加適合，於是我嘗試著將兩者融合了。

在大家都很熟悉的茶碗蒸中，加入魩仔魚和刺山柑，再淋上橄欖油，就又成了一道新鮮的料理。因為使用的不是全然未知的食材，這個我有吃過的熟悉感帶來的驚喜，總是會讓享用美食的過程更有樂趣。

鯖魚、烘烤番茄乾

將裹上麵衣油炸的鯖魚，和烘烤番茄乾相互結合的一道料理。泡過烘烤番茄乾的汁水直接作為高湯使用。這種使用方式和思考模式可以說相當日本料理了吧。

蛤蜊湯

材料

一番高湯
- 昆布（利尻昆布）……25g
- 鰹魚乾……5g
- 水……1ℓ

蛤蜊高湯
- 蛤蜊……適量

平葉芫荽油
- 平葉芫荽、太白胡麻油……各適量

特級冷壓初榨橄欖油……少許

1 一番高湯：昆布泡水靜置一晚。

2 將1全部倒入鍋中，以80℃加熱1個半小時。

3 撈出昆布，沸騰後撈除浮沫。

4 溫度降至85℃時，放入鰹魚片。關火後，用濾網過濾高湯。

5 蛤蜊高湯：加入淹沒過蛤蜊的水量後開火，煮至殼開飄出香味時，便可關火過濾。

6 平葉芫荽油：將平葉芫荽和太白胡麻油混合，邊用食物調理機攪拌加熱到60℃，等顏色出來後，需花上1天的時間慢慢過濾。

7 以蛤蜊高湯7：一番高湯3的比例將兩者混合，加熱。盛入湯碗中，再滴1滴特級冷壓初榨橄欖油和幾滴平葉芫荽油即可上桌。

茶碗蒸

材料

一番高湯（參照上述）……適量

雞蛋……適量

淡口醬油……適量

刺山柑（鹽漬後脫鹽的刺山柑）、水煮鹽味魩仔魚、特級冷壓初榨橄欖油……各適量

1 一番高湯和雞蛋、淡口醬油混合後過篩，倒入碗中放進蒸鍋蒸5分鐘，蒸出柔軟順滑的茶碗蒸。

2 放上刺山柑和水煮鹽味魩仔魚，最後淋上特級冷壓初榨橄欖油。

鯖魚、烘烤番茄乾

材料

烘烤番茄乾高湯
- 水……1ℓ
- 烘烤番茄乾……250g

鯖魚（新鮮鯖魚，切塊）……適量

鹽、小麥粉、雞蛋、麵包粉、油炸用油……各適量

布拉塔起司……少許

熟成馬鈴薯泥＊……適量

番茄粉……少許

＊熟成馬鈴薯泥：選用北海道村上農場的熟成馬鈴薯蒸熟後去皮，壓碎加入牛奶和奶油攪拌混合（烘烤番茄乾高湯已帶有鹽味，不需另外加鹽）。

1 烘烤番茄乾高湯：在水中加入烘烤番茄乾，裝進真空袋中，以真空的狀態靜置1天（依使用的烘烤番茄乾不同，會產生不一樣的味道）。

2 鯖魚抹鹽後，依序裹上小麥粉、攪拌均勻的蛋液、麵包粉，下鍋油炸。

3 將2盛盤，削入少許布拉塔起司，疊上馬鈴薯泥、番茄粉，淋上1的烘烤番茄乾高湯。

＊熬製過高湯的烘烤番茄乾仍帶有味道，可使用在員工餐中。

主要的高湯原料

（昆布／柴魚乾／煮干／燒干）

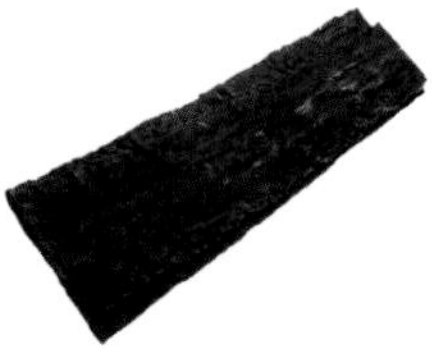

昆布

主要的昆布種類和產地

昆布的品種分為十四屬四十五種，其中日本人會食用的大概有十種。

日本國內的昆布產量約有九五％都來自北海道全域，其餘則沿青森縣、岩手縣、宮城縣的三陸海岸採收。

以北海道沿岸為例，在寒流（親潮）流經的太平洋一帶發現了長昆布、日高昆布，知床半島的根室一帶有羅臼昆布，對馬暖流流經的日本海沿岸和鄂霍次克海沿岸則有細目昆布、利尻昆布，對馬暖流匯入津輕暖流後，在和親潮交會的渡島半島東部沿岸到噴火灣、室蘭地球岬附近發現了真昆布。

昆布的生長區域除了海流（水溫）外，和陸地上、海水中的岩盤種類、是沙灘或礫灘、從山中注入的養分等，各式各樣的環境因素都息息相關。

◎真昆布

別名「山出昆布」。關於別名的由來，坊間流傳著「此一地域的昆布，必須攀山越嶺才能送往位於函館的集散地」等各種說法。因為能熬製出顏色淺淡帶有甜味的高湯，尤其受到大阪地方的喜愛。

從北海道南部（以下稱道南）的渡島支廳白神岬經過函館市、惠山，到達噴火灣這一塊區域是真昆布的大本營，本州則在青森縣下北半島、岩手縣、宮城縣沿岸生長。

即使是相同種類的昆布，也會因成長孕育的環境條件不同，造成品質和味道的落差。道南以汐首岬為界線，因受制於海洋條件帶來的巨大變化，昆布製品在岬的東西兩岸所具備的特性也有所不同。

渡島半島的砂原到惠山岬一帶稱為「白口濱」*，從惠山岬到汐首岬一帶稱為「黑口濱」*，從汐首岬到函館一帶則稱為「本場折濱」，以專門生產優良產品的「道南三品」而廣為人知。除此之外，還有「真折濱」、「非著名產地折濱」等品牌。

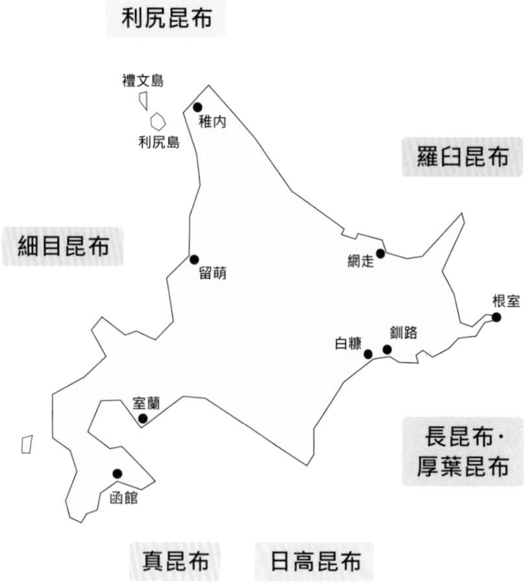

＊白口濱和黑口濱出產的都是元揃昆布（參照180頁），分別被稱為「白口元揃」和「黑口元揃」。「白口」和「黑口」是以切開昆布時的切口顏色做為區分，身量厚實、切口看起來是白色的昆布就叫「白口」，看起來是黑色的昆布就是「黑口」。而採收這些昆布的海濱也分別被稱做「白口濱」和「黑口濱」，並發展成品牌名稱。

◎利尻昆布

從北海道最北端的利尻、禮文兩島，到留萌以北、稚內的野寒布岬、宗谷岬，直至鄂霍次克海沿岸的網走地區都是利尻昆布的生長地。

在利尻島、禮文島採收的稱為「島物」，其他地區的收成則統稱「地方」。品質當然是以島物為上乘，並做為高級商品在市面流通。禮文島的香深濱、船泊濱、利尻島的仙法志濱、沓形濱都是極具代表性的生產海濱，其中更以香山產的利尻昆布最為出名。

◎窖藏昆布

昆布完成乾燥的步驟後，其實還可以繼續長期熟成的作業。福井縣敦賀等地的昆布批發商們一直在施行名為「窖藏」的工程。

最初是因為大雪造成交通癱瘓，昆布無法順利運送出去，無奈之下只能在雪融之前把昆布搬進鮮魚倉庫中保存。卻因此發現這麼做能對昆布帶來相當不錯的作用，於是便有了「窖藏」的習慣。

在陸上交通大幅整頓後，還會進行「窖藏」的昆布批發商也跟著減少許多，但敦賀市的「奧井海生堂」直到現在還是會在外形類似泥灰牆倉庫的昆布專用庫房中，利用秸稈的編織物遮斷陽光與風，將溼度控制在六〇%上下，全年保持在二十～二十二℃的溫度，耗費至少一年或長達二至三年的時間讓昆布慢慢熟成。

但能夠長期熟成的昆布只限於來自海濱出產的天然昆布，並且還得是天然日晒風乾的。其中禮文島香深濱產的利尻昆布就能達到非常完美的熟成狀態。

◎羅臼昆布

正式名稱為「利尻系柄長鬼昆布」。只生長在知床半島的根室沿岸。寬度約二十至三十公分，長度在一・五至三公尺左右。能開採的海域極窄，是十分稀少的品種。

經過自然日晒風乾後被夜露沾溼，拉直、捲起、再次拉直，接著再度日晒風乾使其乾燥，比其他昆布的製作過程更繁瑣，需花費更多勞力與時間來晾晒。

在旺季前半採收的稱為「爭鮮」，後半採收的名為「丸羅」。除此之外，若昆布表面是黑色的叫「黑口」，紅褐色的叫「白口」，外形出色的黑口能比白口賣出更好的價格。

熬煮後的湯色渾濁偏黃，帶有濃郁香氣。

其他昆布

◎日高昆布

日高郡新日高町（舊名：三石郡三石町）的日高地方是主產地，也被稱為三石昆布（正式名稱：三石昆布〈ミツイシコンブ〉）。生長區域從十勝地方沿岸到白糠一帶，道南也有生產基地。長度約二至七公尺，寬度僅有六至十五公分，邊緣沒有皺褶。顏色為濃綠帶黑褐，肉質柔軟是其特徵，因此不用費多大功夫就能熬出高湯。但其實日高昆布不只能作為高湯昆布，還經常被當成燉菜料理中的食材，海帶捲、佃煮料理都少不了它的身影。

作為高湯的海腥味較重，且湯色容易渾濁，與其他昆布相比甜味較淡。關東以北地方經常使用。

◎長昆布

三石昆布的變種之一。產於釧路一帶以北，遍及國後島、色丹島、擇捉島等海域。在日本沿岸所產的昆布種類中體形最長，甚至可達到二十公尺。寬度約六至十八公分，邊緣沒有皺褶。傳言具三年的壽命。

雖然不適合用來熬煮高湯，但因容易煮熟，可做為關東煮、海帶捲、佃煮料理的材料。作為家庭料理用的食材，也被冠以「早煮昆布」、「蔬菜昆布」等名稱進行販售。

◎籠目昆布

產自函館、室蘭沿岸，幾乎與真昆布生長在同一區域內。凹凸不平的葉面看起來就像籠目*，故取名籠目昆布。黏性強，而這些黏滑成分是因為多含水溶性的食物纖維「褐藻醣膠」，也被當作健康食品受到關注。是製作松前漬**時不可或缺的昆布。

* 譯註：籠目，竹籃的花紋。

** 編註：松前漬，源自於北海道松前郡的小菜料理。

◎厚葉昆布

也被稱為 gaggara 昆布（がっがら昆布），與長昆布生長在同一區域。葉片厚實，邊緣幾乎沒有皺褶。經常作為佃煮、鹽昆布、海帶捲的材料使用。

◎細目昆布

分布於北海道的日本海側、利尻島、禮文島，直至渡島半島的福島町一帶。細目昆布自古就被人採擷食用，但現在的生產量並不多。因為是一年生的昆布，會在第一年的夏季採收。葉形細窄色黑，切口是白色。具有極強的黏性，經常被當作山藥昆布、納豆昆布的材料使用。

昆布的一生

作為食材被採收的多數昆布約有二年的壽命（有的昆布壽命長達三至四年）。昆布和蕨類、蕈菇一樣，都必須藉由「孢子」增生。昆布的孢子上帶有鞭毛，讓它們能在海水中游泳，也被稱為「遊走子*」

放出去的遊走子在找到適合成長的岩場後便會游到底部著床，歷經發芽茁壯成為「配偶體」。配偶體既有雄性也有雌性，成熟後形成精子與卵子，受精過後產生受精卵。受精卵在發芽成長後，又成為「幼孢子體」。幼孢子體會在初春時迅速成長，到了夏季就形成大片大片的昆布（孢子體）。入秋後成熟，作為遊走子放出。第一年的昆布一入冬就會進入休眠期，葉片部分會有一半以上枯萎。但等到來年春天時，剩下的葉片下半部又會做為發育點再生，並且比第一年更加蓬勃茁壯。入秋後再次作為遊走子放出，然後迎來壽終正寢的枯萎死亡。

＊譯註：無性生殖細胞的其中一種繁殖體。

昆布的構造與成長

昆布最下層的部分稱為「根」，根部連接細長的「莖」，再往上是「葉片」，昆布就是由這三個部分組成。但昆布的「根」和地面上的植物不同，幾乎不會有吸收養分的動作，而是用來與岩石結合保持不動的器官。我們平時用來熬煮高湯、作為食材吃進口中的主要都是葉片部分，昆布在海水中也是靠著這一部分進行光合作用，同時吸收海水中的養分。

昆布和地面上的植物不同之處還有生長點（為了成長不斷進行細胞分裂並增生細胞的部分）位在葉片的下方，由葉片的前端部分進行傳送促進成長。換言之，昆布的前端部位最為朽邁，而愈靠近根部則愈鮮嫩。

天然昆布的採收到出貨

採收的幾乎都是第二年長大後的天然昆布。第一年的昆布被稱作「水昆布」，因葉體太薄軟無法熬湯，故不採收。

昆布從採收到出貨的大致流程如下：

①漁民會在一大清早潛入海底採收昆布（會選能在一天內將昆布日晒風乾的晴朗好天氣出海）。→②將採收來的昆布運往鋪滿小碎石的晾晒場，用海水清洗過後，平攤開來自然日晒風乾*。→③傍晚時收入倉庫。在達到適當的乾燥狀態前，必須不斷重複自然日晒風乾和收入倉庫的動作。→④將昆布按照一定長度切斷，攤開昆布用夜間的露水沾溼拉長，再次乾燥後收入昆布專用的倉庫存放（這道手續叫庵蒸）。這段時間昆布會慢慢轉變為黑褐色，腥臭味也會逐漸減少。→⑤修整昆布的邊緣形狀，依固定的規格揀選，確認好品種和等級後捆紮。最後檢查合格便可出貨。

＊除了自然日晒風乾外，也可以使用機械進行乾燥作業，即使是相同的生產地區也會因天候問題，採用自然日晒風乾與機械乾燥兩種方式雙管齊下。

養殖昆布

養殖的幾乎都是真昆布、利尻昆布、羅臼昆布等在產地和品種上都具有高度商品價值的昆布。尤其是渡島地區（真昆布）的養殖昆布占比極高。

說到養殖工程，首先是採收已成熟的天然昆布，在地面上的養殖基地培養幼苗、生產，然後放入海中開始真正的養殖。因為是倒吊在海中成長，不同於天然昆布，養殖昆布自然會形成朝向海底伸展的模樣。昆布的養殖也和天然昆布一樣需要經過二年的周期，期滿才能採收二年養殖的成果，或是靠人工加速培殖幼苗，不滿一年即可採收的加速養殖。

昆布的規格和等級

即使是相同種類的昆布，也會因各種條件和規則而被分門別類，造成價格上的差異。昆布的價格取決於開採的海濱、等級、是天然或養殖等。

例如採收昆布的海濱，若是真昆布的話，從價高者排列下來分別是白口濱↓黑口濱↓本場折濱↓真折濱↓非著名產地折濱。利尻昆布是禮文島↓利尻島↓稚內。日高昆布是特上濱↓上濱↓中濱↓並濱。因為成長的地點（海濱）會在品質等條件上產生微妙的差距，雖然每年多多少少會有些變動，但不同的海濱自有一定的價格標準。這就叫做濱格差（海濱等級差異）。

昆布的等級由「北海道水產物檢查協會」制定，長度、寬度、重量、厚度、顏色、外形、瑕疵、表面有無白粉等都視為觀察條件，分為一等到六等，愈是寬厚的昆布等級愈高。業者會將完成乾燥作業的昆布依照規格剪成一定的長度後捆紮。至於天然昆布和養殖昆布相比，當然是天然的價格更勝一籌。

【製品相關用語】

元揃昆布：對齊根部捆紮的昆布。以前都是保持原本的長度捆紮，但現在的羅臼昆布幾乎都折成七十五公分，真昆布的長度則會折成九十公分進行捆紮。

長切昆布：統一裁切成七十五至一〇五公分的長度後捆紮的昆布。

棒昆布：裁切成二十至六十公分的長度後捆紮的昆布。

折昆布：不需裁切，折疊成二十七至七十五公分的長度後捆紮的昆布。

鰹魚乾

主要生產地

鰹魚乾的原料就是鰹魚，現在我們使用的幾乎都是在太平洋赤道附近的海域捕獲，冷凍後運回的漁獲（偶爾也有在近海捕獲的鰹魚）。作為原料的鰹魚並不會因生產地而有什麼不同，卻會因捕魚時期、捕魚方式等原因，造成鰹魚乾品質的差異。關於捕魚方式，比起用捕魚網捕撈，靠一本釣*的方式捕獲後，一隻隻冷凍的鰹魚肌苷酸含量更高，有一說是酸味來源的乳酸量較少的關係。

＊編註：一本釣為日本的傳統釣魚技術，漁夫利用一支釣竿，一支魚鉤，一次只鉤一條魚的方式。

基本上，鰹魚乾的製造方式大同小異，端看製造工廠在鰹魚的切法、煮法、煙燻的方式等細微之處如何下工夫，好在味道上創造出獨屬自己的特色。

鰹魚乾的生產地集中在鹿兒島縣的枕崎市、指宿市，還有靜岡縣的燒津市，這三座都市生產製造了約九八％的國產鰹魚乾，並且都擁有自己的漁港，從船上將鰹魚卸貨到製造成鰹魚乾，已經有了一套專業成熟的流程。

枕崎市：國產鰹魚乾的生產量是全日本第一。市內就有四十間以上的鰹魚乾工廠。製造鰹魚乾的歷史已長達三百多年。

指宿市：國產鰹魚乾生產量第二名。擁有二十八間鰹魚乾工廠。具有高超的「本枯節」製造技術，能製造出品質優良的本枯節。

＊以前的漁獲在山川港卸貨後，會拖到指宿市山川地區加工製造，故也稱山川產鰹魚乾。

燒津市：冷凍鰹魚的卸貨量是全日本第一。國產鰹魚乾生產量第三名。擁有十五間鰹魚乾工廠，每間工廠都有不同的特色。

在製作成鰹魚乾之前

依不同的製造方式，鰹魚乾也分為「荒節」和「枯節」兩種。不同之處在於有沒有進行讓黴菌附著上去的作業。「枯節」基於黴菌的作用而發酵、熟成，讓鰹魚乾的風味更為迷人。

◎荒節

生切：將解凍後的鰹魚三枚切，三公斤以下的小鰹魚可直接投入加工製造，一般的鰹魚乾（本節）通常都是來自三公斤以上的鰹魚，並且還要依魚身上發黑的部分再分成兩塊。靠近背脊的部分稱作「雄節（背節）」，靠近腹部的稱作「雌節（腹節）」。此外，重量在三公斤以下的鰹魚製作而成的鰹魚乾因外型似龜，故稱為「龜節」。三公斤以下的鰹魚能製作出兩塊鰹魚乾，三公斤以上的鰹魚能製作出四塊鰹魚乾。

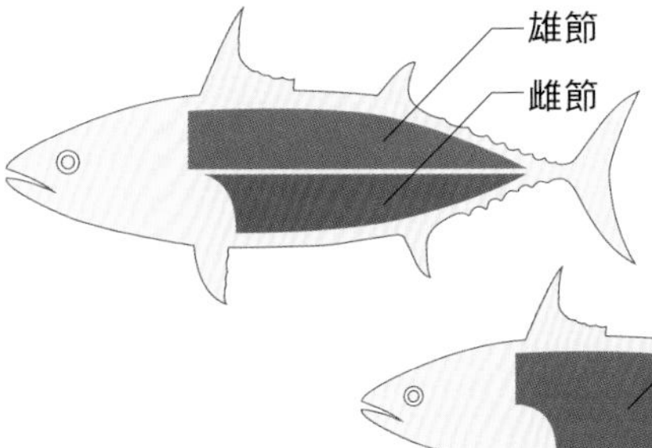

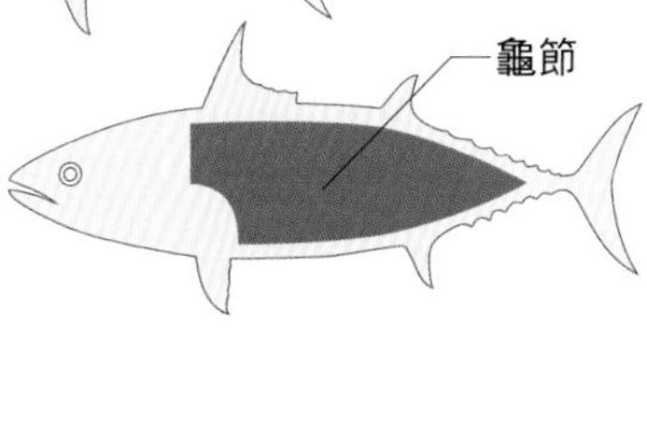

籠立：將片好的鰹魚肉，擺在專用的竹籠中。

↓

煮熟：疊起裝有鰹魚肉的竹籠，用90℃左右的熱水煮1個半小時～2小時（視鰹魚的大小而定）。直到鰹魚的細胞結構產生熱變性，停止代謝。

↓

去骨：冷卻後剝去部分魚皮，清理過後去除魚骨。進行到這一步的鰹魚肉一般稱為「生節」。再次將生節放回竹籠中並排。

↓

一番火的烘乾：烘乾是指將生節煙燻烘乾的作業。第1次烘乾的過程稱作「一番火」或「排水烘乾」，用90℃燻烤1小時左右。主要的目的是殺死魚肉表面的雜菌。

↓

修繕：用鰹魚糊（煮熟後的魚肉和生魚肉的混合物）塗抹在凹凸不平有損傷的魚肉上進行修復（也是為了防止魚肉在後續作業中產生裂痕）。

↓

烘乾與庵蒸：真正的烘乾工程。烘乾方式各有不同，但大概都是1天燻烤5～8小時，夜間休息8小時～半天（庵蒸）。重複10～15天。

不會一口氣烘乾，而是藉由不斷重複烘乾與庵蒸的動作，慢慢去除內部的水分。讓表面形成好像染上黑色焦油的狀態。長時間的燻製會讓魚肉染上獨特的香氣，還有防止脂肪氧化、防腐等效果。

＊進行到這一步的鰹魚肉稱為「荒節」。使用前會將表面焦黑的部分削去。市售的魚乾片多半都是使用荒節。

◎枯節

荒節

↓

削除表面：將荒節表面焦黑的部分用研磨器削去，修整外形。修整後的鰹魚肉稱為「裸節」，是非常美麗的紅褐色。

↓

晒乾：花費幾天的時間，將裸節自然晒乾。

↓

附著黴菌：將裸節存放在專用的倉庫內，讓黴菌附著。等黴菌附著後，要在自然晒乾時用刷子將黴菌拂落。大約兩星期後，表面會再次被黴菌附著，這時必須重複相同的作業流程。黴菌反覆附著兩次的稱作「枯節」，反覆附著三次以上，發酵更全面的稱作「本枯節」。

＊黴菌成長的過程中，會被殘留在節上的水分吸收隨之乾燥，經由微生物造成發酵、熟成以增添風味。可能造成湯色渾濁的表面脂肪都已被分解，自然能熬煮出澄澈的高湯。

【去除含血肉或留下含血肉】

魚背上發黑的部分聚集了許多血管，也是腥臭味最濃重的部分。有的鰹魚乾會將這一部分留下，有的則會完全去除。帶含血肉的鰹魚乾能熬出味道濃郁的高湯；使用去除含血肉的鰹魚乾，則能熬製出高級澄澈、不帶一絲腥味與雜質的高湯。兩者依料理的需求分開使用。

【魚乾片的削法與高湯】

魚乾片需經過削片後使用。依照魚乾片的削法，也會讓高湯呈現出全然不同的味道。多數的日本料理店使用的都是薄削的魚乾片，關東地區的蕎麥麵店、烏龍麵店則使用厚削的鰹魚節，熬煮出味濃醇厚的高湯。

因削片後的魚乾片香氣容易揮發，一些使用薄削魚乾片高湯的椀物料理等，最好是在最後一步加入魚乾片，才能讓香氣多留存些許。

其他的節類

節（魚乾）的原料並不只有鰹魚一種。鮪魚、鯖魚、沙丁魚等其他魚類也可以用和鰹魚相同的製造方式來製成節。非鰹魚製成的節統稱為「雜節」，都是日本料理中不可或缺的高湯食材。

◎鮪魚節

選用鮪魚中脂肪含量較少的黃鰭鮪魚幼魚（1.5～3 kg）製成。在關東稱作「mejibushi（メジ節）」，關西稱作「shibibushi（シビ節）」。幾乎沒有枯節，都是以荒節為主。熬煮出的湯色淺淡，特點是沒有太過濃烈的氣味，味道也屬於高雅清淡。鮪魚節不僅美味，外表還是素雅的乳白色，有些人甚至會將其加工「刨成絲狀」運用在料理上。

◎宗田節

主要是以宗太鰹（丸宗田）為原料。因丸宗田的眼睛和嘴巴距離很近，有些地方因此稱之為「mejika（メジカ）」，而削過的節叫做「mejikabushi（メジカ節）」。高知縣的土佐清水是最大的產地。熬製出的高湯味道濃郁，湯色較深，經常搭配鰹魚節或鯖魚節作為蕎麥麵和烏龍麵的湯頭使用。

◎鯖魚節

主要的原料是花腹鯖。花腹鯖和白腹鯖相比脂肪較少，更適合作為雜節。

熬煮出的高湯鮮味濃郁，雜味幾不可聞，香氣也較弱。經常搭配鰹魚節或宗田節作為蕎麥麵和烏龍麵的湯頭使用。

除此之外，關西以西的烏龍麵店還會使用斑點莎瑙魚、日本鯷、沙丁脂眼鯡等製成的沙丁魚節。中部地方則經常使用圓鰺節，而因拉麵店愛用而受到矚目的是秋刀魚節。

煮干・燒干

「煮干」是指將魚介類煮熟後經脫水乾燥製成的食品，原料包含日本鯷、斑點莎瑙魚、沙丁脂眼鯡、竹筴魚、圓鰺、血鯛、飛魚、鯖魚、秋刀魚等多種魚類，但單以「煮干」來說，多半指的是日本鯷。而「燒干」則是以烤代替煮，經脫水乾燥後製成，更加濃縮其中的鮮味。

日本鯷的煮干分為白口煮干和青口煮干兩種。在瀨戶內海和長崎的部分海域（千葉九十九里只有短期）捕獲，魚背顏色淺淡的日本鯷會被製成白口煮干。而在日本海及關東外海捕獲魚背帶黑的日本鯷則會被製成青口煮干。

日本的西半部將日本鯷煮干稱為「小魚乾」。香川縣的讚岐烏龍麵絕對少不了以小魚乾熬製的高湯。

外型完整且細瘦的煮干無疑更受到歡迎。使用不新鮮的魚介容易造成腹部碎裂的狀況，細瘦的煮干反倒很少出現因脂質氧化而引發的品質問題。

想要製造出鮮味濃郁的煮干（小魚乾），就必須盡可能縮短從捕撈日本鯷到熬煮的過程，這是製作煮干相當重要的一環。香川縣的伊吹島作為絕佳的日本鯷漁場而廣為人知，漁場和加工廠的距離相當近，因此成為上等小魚乾的生產地。

◎小魚乾（香川縣產）

使用瀨戶內海燧灘的日本鯷製成。日本鯷依成長的階段由小至大分別稱作縮緬雜魚（魩仔魚）、鱙仔魚、小羽、中羽、大羽，使用鱙仔魚到大羽製作的統稱小魚乾。熬煮高湯主要使用的是小羽到大羽。以小羽熬煮的高湯清淡爽口，選擇中羽到大羽者，則高湯的味道也會更加濃郁。

◎下巴燒干

下巴就是飛魚。九州地區和靠日本海一帶將飛魚暱稱為下巴。長崎縣的平戶是著名的飛魚產地，燒干的製作也相當盛行。能熬製出比煮干更濃郁、更具風味的高湯。

參考文獻：

①《高湯基礎知識和日本料理》（だしの基本と日本料理」）／柴田書店編製（柴田書店）

②《昆布與日本人》（昆布と日本人）／奥井隆（日本經濟新聞出版社）

③《高湯的祕密》（だしの神秘）／伏木亨（朝日新聞出版）

參考網站：

http.://kombu.jp./

http.://www.konbukan.co.jp./

http.://www.kurakon.jp./

http.://www.hro.or.jp./

http.://www.h-skk.or.jp./

http.://ogurayayamamoto.co.jp./

高湯的省思

一番高湯的料理科學

川崎寬也

基於昆布和魚乾片的種類所含的鮮味成分分量各不相同，加熱時間和溫度也會造成萃取鮮味成分和香氣成分的質量異變，該考量的條件既多且複雜。但若是知道改變哪個地方便能讓味道和風味產生何種變化，就能在可預測的範疇內動手嘗試了。本章將會從各種高湯素材的條件解說，和對本書中刊登的幾間料理店（明確標示出高湯素材重量的5間店）所推出的一番高湯互做比較，讓讀者們加深對高湯的理解。

以一番高湯的素材及熬製方式等條件進行考量。需要考量的條件列舉如下：

1. 昆布的種類
2. 節的種類（鰹魚節、鮪魚節）
3. 昆布和節的用量及水量
4. 加熱時間和溫度（昆布和節）

將這幾點分開解說後，我們再來討論高湯的製作方式。

1.昆布的種類

首先，我們來聊聊昆布的種類與熟成。日本料理店所使用的昆布主要為利尻昆布、真昆布和羅臼昆布，其中作為鮮味成分的麩胺酸含量最豐富的是羅臼昆布，緊接其後的是真昆布，利尻昆布的含量最少。

料理店使用的多半是存放了一段時間使之熟成的昆布。存放在保持一定溼度的保管倉庫中，使昆布熟成的目的在於能讓昆布「變得更美味」，但最近的研究已明確指出，在熟成的過程中，麩胺酸並不會有所增加。因熟成而對美味程度帶來影響的，是脂質氧化物的揮發和梅納反應。這裡所說的脂質氧化物，來自昆布脫水乾燥的過程中造成的影響，也就是所謂的昆布腥味。梅納反應是基於胺基酸和醣類的反應生成，帶有茶褐色的成分，也是引人食慾大開的食物香氣。熟成昆布熬製的高湯之所以會是茶褐色，就是來自梅納反應產生的成分。這裡所說的脂質氧化物和梅納反應並不只有一種，而是在各種複雜的化學反應下形成的成分統稱。

2.魚乾片的種類

該使用鰹魚乾還是鮪魚乾這樣的問題，與其說是依照各地的習慣，應該還是基於想製作出怎樣的料理而定吧。資料顯示，鮪魚乾含有較多作為鮮味成分的肌苷酸。當然不是說肌苷酸愈多就愈好，香氣的性質有時也會產生變異，所以還是得綜合各方面的考量才行。

本枯節經常被拿來熬製高湯，經過燻製和黴菌附著的程序，本枯節因燻製染上的煙燻香氣能為高湯帶來獨特的氣味，這也是日本的一番高湯能在世界上占有一席之地的主要原因。黴菌附著這道工程中的黴菌能減少鰹魚乾表面的水分，還能產生聞起來香香的脂質氧化物。除此之外，因燻製時也附著了梅納反應產生的成分，為鰹魚乾貢獻更具層次的香氣。

3.昆布和魚乾片的用量及水量

昆布和魚乾片的用量比水多的話，當然會萃取出更多鮮味成分。但正如前述所言，不同種類的昆布和魚乾片，所含的麩胺酸量和肌苷酸量也各不相同。例如以等量的利尻昆布和羅臼昆布製作高湯，萃取出的鮮味成分分量並不會是一樣的結果。鮮味的強度無法只依昆布和魚乾片的分量來決定。

除此之外，研究中指出鮮味的相乘效果，麩胺酸和肌苷酸處於相同濃度時，能讓鮮味的存在更加強烈。所以即使是相同分量的昆布和魚乾片，所含的麩胺酸和肌苷酸也不可能相等，必須從各式高湯所含的麩胺酸和肌苷酸濃度來深入探討才行。

表1：主要的昆布麩胺酸含量和魚乾片的肌苷酸含量

昆布的麩胺酸含量

真昆布1等（2002年產）	3049mg/100g
羅臼昆布2等（2002年產）	3384 mg/100g
利尻昆布1等（2002年產	1494 mg/100g

魚乾片的肌苷酸含量

鰹魚乾	474 mg/100g
鮪魚乾	967 mg/100g

＊從鮮味諮詢中心（http.://www.umamiinfo.jp.）的「鮮味資料庫」中摘錄（小數點以下四捨五入）

另外還有一點，並不是讓麩胺酸和肌苷酸同等量就好。萃取出較多的麩胺酸時，會讓高湯餘味中的鮮味餘韻留存得更久。當麩胺酸和肌苷酸接近低濃度的1：1時，若能活用鮮味的相乘效果，就能熬製出餘味清爽不膩的高湯（參照193頁的圖6）。這是因為即使相乘效果使鮮味的存在感更為強烈，但因麩胺酸和肌苷酸的濃度都不高，鮮味成分很快就會從口中消失了。

4.加熱時間和溫度

在高湯的製作方式上，重點在於各自的味道成分和香氣成分對於水的溶解性。基本上，麩胺酸和肌苷酸都會溶於水中。因此就算是冷泡法製成的昆布高湯，作為鮮味來源的麩胺酸也會確實溶於水中，完成高湯的製作。當然若是提高了溫度，麩胺酸和肌苷酸更容易溶於水中，也能讓鮮味成分更快在水中萃取出來。

但相對的，無法溶於水的香氣成分反倒占大多數。但鰹魚乾的香氣成分來自於梅納反應和燻製的香氣成分，這些成分有不少都具有水溶性。所以高湯食材不僅有鮮味成分，還能萃取出香氣成分，可想見應該能熬製出香氣豐富的高湯。不過香氣成分隨著溫度提升會逐漸揮發。造成不同香氣成分揮發的溫度也各有所異，其中也包含了溫度愈高愈容易揮發的成分，看是要在完成高湯後立刻端給客人飲用，還是讓高湯盡早冷卻，以密封的方式來保持香氣。

使用利尻昆布時，可利用提升溫度來萃取的不只有麩胺酸，連同香氣成分也能確實萃取出來。羅臼昆布和真昆布的麩胺酸含量豐富，不需提升溫度，只要簡單的加熱就能調整香氣同時萃取出麩胺酸。再說到魚乾片，因為會刨成薄片在一番高湯中使用，基本上肌苷酸馬上就能溶解出來，為了讓香氣也能徹底釋放，最好是等沉底後再進行過濾。

189頁的圖表（圖1）是各家店的高湯所使用的昆布和鰹魚乾、鮪魚乾萃取出的麩胺酸和肌苷酸含量。但我們要分析的不是熬製的高湯，而是從使用的素材量進行計算。所以實際上也會因加熱條件改變萃取成分的數據作為參考，會以昆布高湯的加熱溫度×時間計算出「熱量」，並以紅色的深淺作為表示。

如前述所言，麩胺酸和肌苷酸維持在相同濃度時，鮮味會變更強烈。「木山」的一番高湯在麩胺酸和肌苷酸的用量上幾乎是維持相同程度的平衡。因昆布高湯的加熱溫度也很高（加熱溫度高，時間也長），所以能充分萃取出麩胺酸。經過計算的鮮味強度（鮮味強度計算值，參照189頁的圖3）也顯示為高數值。比起味道濃郁的昆布高湯，想必他們的的一番高湯餘味更清爽不膩口吧。

「TENOSHIMA」的麩胺酸和肌苷酸都偏少，但鮮味的強度計算值卻不可小覷。這是因為麩胺酸和肌苷酸的濃度雖低，但又幾乎接近於等量平衡，在鮮味相乘效果加乘下，鮮味的存在感就更鮮明了。

「虎白」和「翠」的鮮味強度計算值雖然差不多，但「虎白」的一番高湯因鮮味的相乘效果讓餘味分明，「翠」則是巧妙發揮了麩胺酸的鮮味和昆布的香氣，預測可為一番高湯帶來更加悠長的餘韻。

「ubuka（うぶか）」的麩胺酸和肌苷酸都很豐沛，加熱使用的溫度也高，應該可以萃取出更多的麩胺酸。綜上所述，預測應該是五間店裡滋味最醇厚、鮮味最強烈，並且餘味悠長的一番高湯。

以每間店現在製作的一番高湯為基準時，可以從昆布的麩胺酸，鰹魚乾或鮪魚乾的肌苷酸濃度、香氣成分以及加熱的溫度來思考自己所追求的一番高湯方向。例如希望鮮味再強烈一點、餘味清爽沒有負擔，可利用鮮味的相乘效果增加含有豐富肌苷酸的鮪魚節。若是想延長鮮味的餘韻，可增加昆布的用量，或改用羅臼昆布、真昆布來試試。

高湯的美味來自包含鮮味在內的味道成分和香氣成分，將這些成分從高湯素材轉移到湯水中，便是所謂的「製作高湯」。要使用怎樣的高湯素材和製作方式，說到底，還是得從究竟想做出怎樣的料理來進行逆向推算並選擇。比起考慮「正確的高湯製作方式」，理解高湯的製作方式、還有高湯的味道與風味之間關係，而自己追求的又是怎樣的高湯，想清楚了，再來決定高湯的製作方式才是最重要的。

表 2：製作圖表使用的資料

店名	昆布	鰹魚乾或鮪魚乾	昆布高湯的加熱條件	熱量	昆布種類	魚乾片種類	麩胺酸	肌苷酸	鮮味強度計算值
虎白	10.0	20.0	60℃×40分鐘	2400	真昆布	鰹魚乾	304.9	94.8	377
木山	18.0	53.3	85℃×75分鐘+30分鐘	8925	利尻昆布	鰹魚荒節+鰹魚本	268.9	252.8	843
翠	20.0	10.0	40℃×60分鐘+80℃×30分鐘	4800	真昆布	枯節+鮪魚乾	609.8	47.4	408
ubuka（うぶか）	25.0	25.0	60℃×120分鐘	7200	羅臼昆布	鰹魚本枯節	846.0	241.7	2538
TENOSHIMA（てのしま）	15.0	15.0	65℃×90分鐘	5850	利尻昆布	鮪魚乾	224.1	71.1	214
	g/水 11000ml	1000ml					mg/高湯 1000ml	mg/高湯 1000ml	

＊ 使用的食材重量若有浮動，以最小量記。

＊ 昆布高湯的加熱時間若有浮動，以最長時間記。

＊ 熱量來自昆布高湯的加熱溫度 × 時間（分鐘）。「木山」在關火後到「+30 分鐘」之間假定仍維持在 85℃的溫度。「TENOSHIMA（てのしま）」使用冷泡法的部分不含熱量。

＊ 此處的麩胺酸和肌苷酸量都是假定昆布所含的麩胺酸和魚乾片所含的肌苷酸都 100% 萃取出的數值。以 p.187 表 1 的數值為據，套用各店的昆布和魚乾片使用量計算。沒有將調理後的熱量列入考慮。「木山」則是只計算了鰹魚乾的使用量。

＊ 鮮味強度計算值是以計算公式算出的鮮味強度（小數點以下四捨五入）。

圖 1：從使用的材料算出 1000mℓ的高湯中所含的麩胺酸和肌苷酸、和調理熱量間的關係（並非實際高湯中所含的麩胺酸和肌苷酸量）。

紅色愈深表示烹調熱量愈高
熱量＝加熱溫度 × 時間（分鐘）

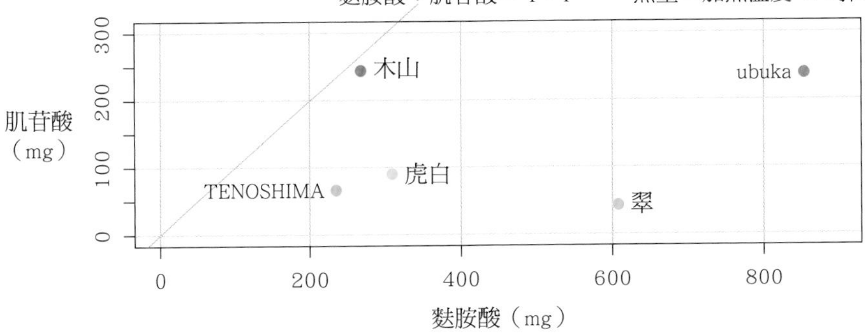

圖 2：昆布和魚乾片的使用量（g／水 1000mℓ）和烹調熱量之間的關係

紅色愈深表示烹調熱量愈高
熱量＝加熱溫度 × 時間（分鐘）

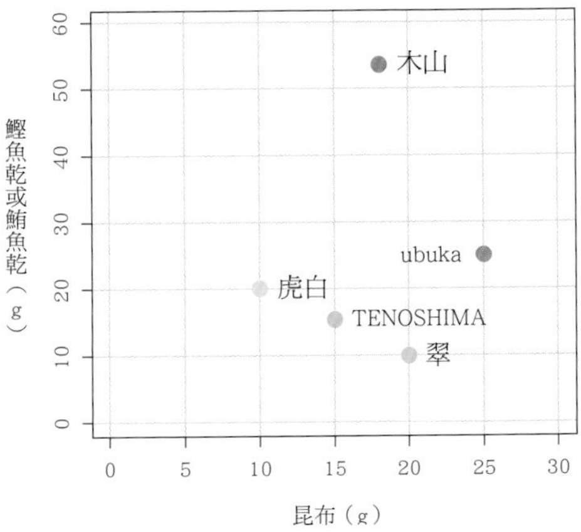

圖 3：鮮味強度計算值（從使用材料的麩胺酸和肌苷酸濃度計算得出的鮮味強度）

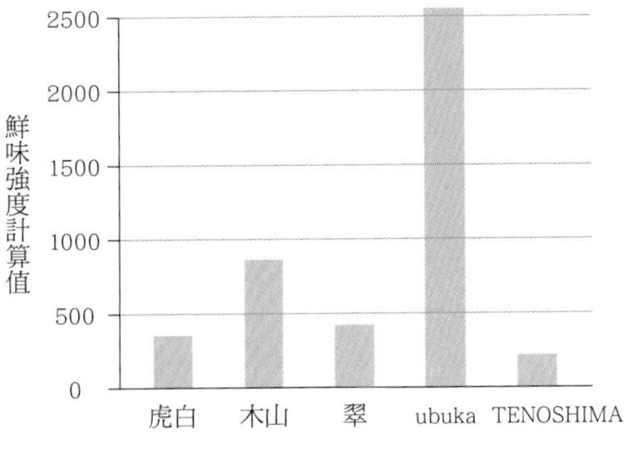

「高湯」的科學與製作

受到全世界注目的日本料理，其根本就是「高湯」。藉此篇幅，我們來廣義的聊聊高湯。「高湯究竟是什麼」、「為什麼高湯如此重要」，最後再針對「高湯該怎麼製作、如何運用」加以說明。在思索料理時，如果只針對烹調手法展開討論，就得不斷闡述每一種技術的不同之處。為了理解料理的本質，還是透過「烹調手法」和因烹調手法產生變化的「風味成分和食品構造」，同時也必須理解「感覺」的科學，才能隨心所欲地創造料理。關於「高湯」，希望讀者們也能用同樣的概念去加以省思。

What：高湯究竟是什麼

烹調

「高湯」的日文漢字寫作「出汁」，確實是種萃取液沒錯。但日本料理的高湯卻有著舉世聞名的特殊作法。為了理解日本料理的高湯，就和其他類別的高湯做一下比較吧（圖4）。

法國料理是使用生肉、蔬菜和香草植物一邊進行萃取一邊加熱濃縮，過程中會產生梅納反應和脂質氧化反應。有時也會以火烤後產生梅納反應的材料製作。中華料理的高湯作法是使用一整隻雞或豬肉邊進行萃取邊加熱濃縮，再加入干貝或發酵熟成的生火腿（金華火腿）。干貝和金華火腿都是在生產環節就已加工濃縮的素材。

日本料理的高湯，主要素材的生產商會將煮過後脫水乾燥的素材去除水分，濃縮鮮味成分。透過加熱和熟成產生梅納反應，製造香氣成分，還會對鰹魚乾進行燻製。之所以日本料理的「出汁」只有「萃取」這一步驟，是因為「高湯素材」在乾燥過程中就已經包含了「濃縮」的程序，因為使用的是經過梅

圖 4：西式料理、中式料理的高湯和日本料理高湯的不同之處

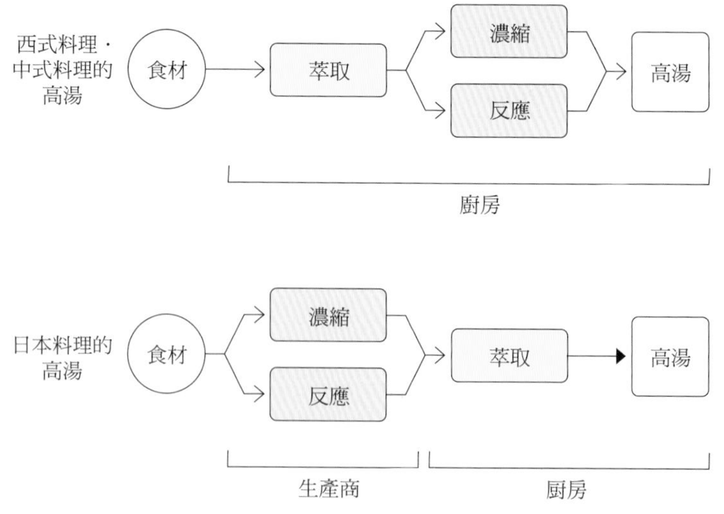

納反應和脂質氧化等「化學反應」後的產物，在廚房裡才會只有「萃取」這一道手續。換句話說，日本料理的高湯和法國料理、中華料理的高湯之間，雖然追求的是相似的鮮味成分和梅納反應帶來的香氣，但在素材選擇和製作順序上卻有著截然不同的作法。

成分與結構

味道成分與香氣成分

從成分上考量，日本料理的一番高湯所使用的乾燥昆布含有極為豐富的麩胺酸。鰹魚乾則含有肌苷酸和梅納反應的香氣、燻製的香氣成分，一番高湯可說是把這些成分全部溶於水中的產物。其中，加入煙燻成分這點，也是日本高湯的特別之處。麩胺酸和肌苷酸同樣具有「鮮味成分」，含入口中時便能感受到所謂的「鮮味」。

味道成分多半能溶於水中，香氣成分則是脂溶性占多數。即使用冷泡法也能將昆布製成高湯，就是因為作為鮮味成分的麩胺酸是水溶性的關係。有意思的是梅納反應的香氣成分和燻製的香氣成分也多能溶於水中，讓香氣成分溶於高湯中並不是不可能辦到的事。

鰹魚乾的香氣重點在於誘人食慾的香氣和燻製的香氣。誘人食慾的香氣來自梅納反應。梅納反應是胺基酸和食物中的糖分在加熱後產生的化學反應，烤肉烤出的焦褐色和香氣就是來自梅納反應。梅納反應被廣泛運用在許多食物中，例如咖啡和巧克力、牛排、味噌等散發出的香氣，都是來自這一化學反應。在製作鰹魚乾時，也會因加熱引發梅納反應。燻製香氣來自製作鰹魚乾的煙燻過程中染上的香氣成分。除此之外，經過乾燥的昆布在保存幾年熟成後，昆布本身的腥臭味消失，取而代之的是梅納反應產生的香氣。

製作清湯時，大概超過60℃就會使素材的肉質收縮釋放成分，鮮味成分和胺基酸都會融化在水中。接著再以100℃加熱四小時左右，便能引發梅納反應。通常溫度必須在126℃以上才能產生梅納反應，不過用100℃加熱四小時也能有同樣的效果。一般的化學反應是溫度與物質量濃度愈高，愈容易發生。製作清湯時，一開始加熱，生鮮素材就會溶解出各式各樣的物質。幾乎所有物質都會在一小時左右萃取完畢。但剛加熱時因水量較多，物質濃度偏低的情況下，即使加熱到100℃也難以引發梅納反應。必須花上幾個小時等濃縮後物質的濃度變高，用100℃慢慢加熱也能產生梅納反應。

還有在日本料理的高湯中並不多見，但法國料理和中華料理的主要香氣成分是來自脂質氧化物和硫磺化合物。脂質氧化物來自雞鴨等肉類下鍋熬煮時出現的油脂飄浮在高湯的表面，加熱的同時接觸到空氣於是產生氧化。脂質氧化物增多自然會冒出油脂味，適度的油脂氣味也能為食物的美味貢獻一份力。硫磺化合物是蔥和大蒜中含有的成分，法國料理的高湯中會加入韭蔥和洋蔥，中華料理則使用青蔥。本意是為了消除肉類的腥味，但經過加熱，產生梅納反應再加上硫磺化合物，反而讓肉香風味更醇厚迷人。

從成分上來考量，水和鮮味成分、梅納反應的產物都是相同的，但法國料理和中華料理的高湯中會再加入脂質氧化物和硫磺化合物，日本料理的高湯則是加入燻製成分。

感覺

味覺

我們的味覺是為了感知營養素、拒絕有害物質而與生俱來的能力。「碳水化合物」、「蛋白質」和「脂肪」，以及微量營養素的維他命和礦物質都屬於人體所需的營養成分。

所以對於五種基本味覺，大腦早就對必要營養素衍生出的甜味、鮮味、鹹味帶有天生的喜愛。甜味來自碳水化合物，鹹味來自礦物質，鮮味則來自食物中「所含的蛋白質」。蛋白質經消化分解成胺基酸，在鮮味中能確實感受到胺基酸的存在。相對而言，酸味、苦味生來就是令人厭惡的味道。酸味代表腐壞，苦味也被味覺識別為有毒物質。

如下圖所示，舌頭上的味覺感受器負責的工作就是感知營養素，若味覺感受器無法感知，大腦就不會覺得這是可以吃的食物。然而因蛋白質分子過大，無法附著在味覺感受器上，只能感知胺基酸這個作為蛋白質結構的元素來替代。五種基本味覺都已經找到相應的味覺感受器，近來舌頭上甚至找到了與脂

圖 5：味覺和嗅覺的傳遞方式

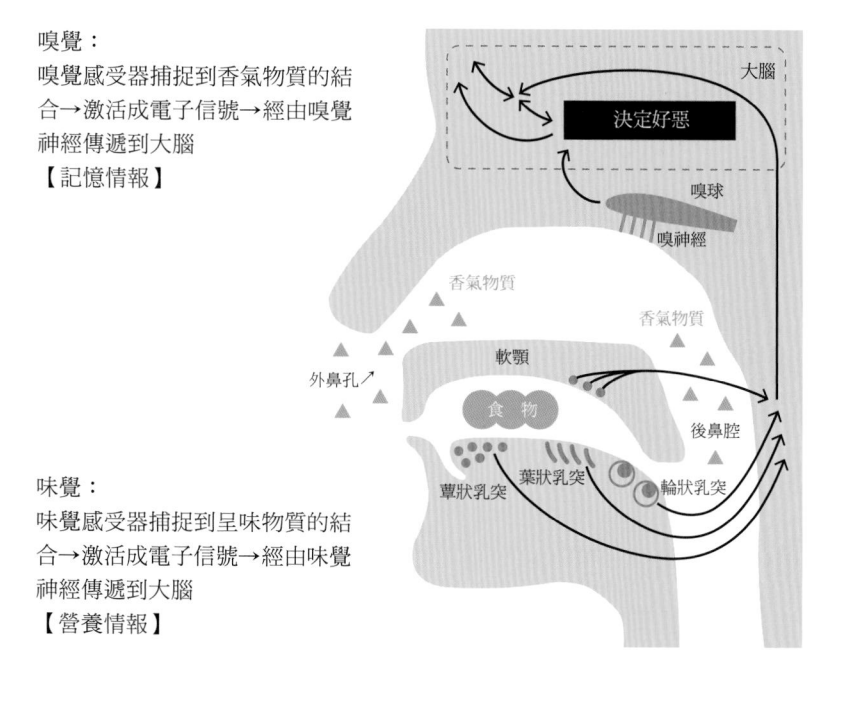

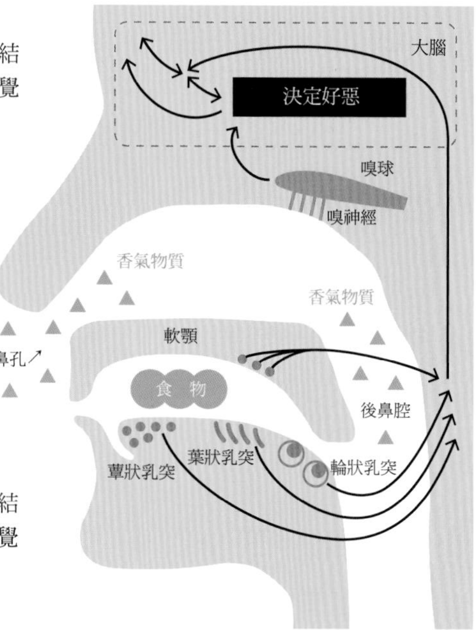

肪相關的感受器。雖說找到了感受器，並不表示就能靠味覺感知到脂肪，需等待今後的各方論證引導出更正確的結論。

味覺感受器是舌頭表面的味覺細胞，分別位於舌尖（蕈狀乳突）、舌頭側緣（葉狀乳突）、上顎部柔軟的區域和舌根部（輪狀乳突）。在品嚐食物時，舌頭整體和上顎部分會有意識地掌握食物從入口到吞嚥後整體的味道。味覺感受器所感知到的味道情報經由神經傳送到大腦，察覺到味道的情報後，再從記憶情報中進行識別，認知這是何種味道（192頁圖5）。

鮮味的相乘效果

鰹魚乾所含的肌苷酸是核酸的一種，近幾年的研究指出，麩胺酸能輔助加強味覺感受器的附著力度。同時品嚐到肌苷酸和麩胺酸時，感受到的鮮味會更加強烈，且餘味延續更久。這就是所謂的「鮮味相乘效果」。鮮味的相乘效果不只有肌苷酸和麩胺酸的搭配，麩胺酸和乾香菇中所含的單磷酸鳥苷搭配也能起到相同的效果。

鮮味的相乘效果是為了加強鮮味的醇厚感，比起單靠麩胺酸來加強鮮味，搭配了肌苷酸後，即使麩胺酸和肌苷酸的濃度都不高，也能讓鮮味變得濃郁。透過實驗已知在這一作用下，即使是同等的鮮味濃度，比起麩胺酸單體，麩胺酸和肌苷酸的相乘效果能使殘留在口中的鮮味餘韻縮短，也就是人們常說的「輕爽不膩的鮮味」（193頁圖6）。在日本料理中，不膩口的

圖 6：在鮮味強度相同的情況下，麩胺酸＋肌苷酸會比只有麩胺酸的餘味更短

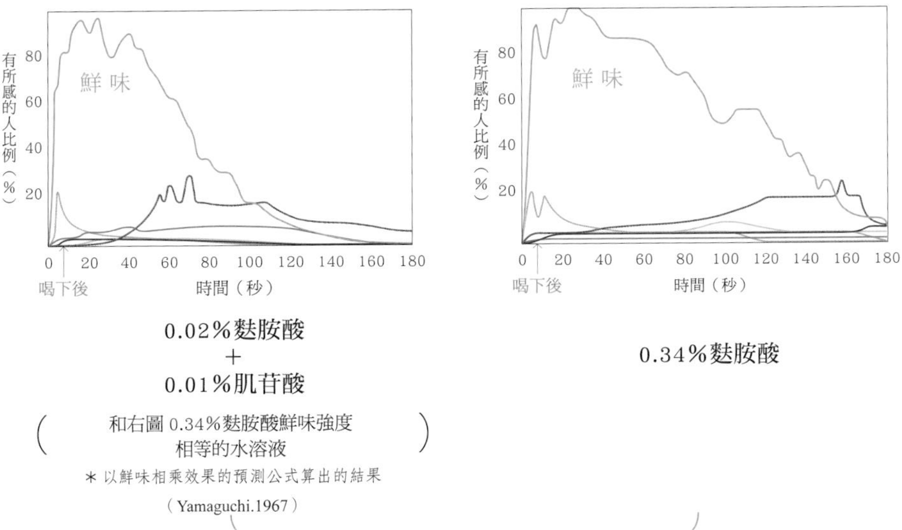

Kawasaki et al.2016

＊ 有所感的人比例：10 人之中有 6 個人有感覺到的話就是 60％。
＊ 其他顏色的曲線代表鮮味以外的味覺，這裡省略不多加說明。

清爽餘味是非常重要的一點，或許因為昆布高湯太過膩味，以昆布和鰹魚乾熬煮出清爽的一番高湯才會被廣泛的使用吧。

鮮味的相乘效果並不是只靠高湯中所含的鮮味成分就能激發。必須嘴裡同時存在麩胺酸和肌苷酸，才能在相乘效果下讓鮮味更加強烈，所以要考量的是料理的整體效果。例如椀物料理的配料是富含肌苷酸的海鰻時，即使佐以昆布為主的清湯，從海鰻中分解的肌苷酸也會溶入湯汁裡，愈品鮮味愈濃郁。

嗅覺

就如在對味覺的闡述中所提及的，人類天生就對鮮味、甜味有所偏好。相較於此，氣味卻是在和味道產生連結後，才開始透過聯結學習有了好惡之分。畢竟人們對氣味的好惡並不是與生俱來的。聯結學習在我們還泡在羊水裡時就已經開始了，並且會作為記憶情報積存在小寶寶的腦海中。幼時的記憶在長大成人後會因特定的氣味而被想起，這就叫「普魯斯特現象」，也適用於對食物的記憶。

飲食文化究竟是基於什麼而決定的呢？考量到人類對味道的喜好是天生的，對氣味的喜好則是透過學習和經驗而慢慢成形，喜歡和食的香氣與其說是從小就吃慣了而感覺熟悉，倒不如說是對和食使用的食材香氣有所偏好。

世界上有數十萬種香氣（氣味），人類所知的只有其中的一萬種。而嗅覺感受器只有四百種左右。在這一方面，嗅覺和

圖 7：假設嗅覺感受器位有 9 個時，經過結合的感受器情況變化

味覺就存在著極大的差異。例如鹹味會附著在鹹味感受器上。但氣味的四百種感受器卻能分析、理解一萬種類的氣味。之所以能做到這點，是因為氣味本就有範本可尋。

例如氣味A附著的感受器不只一個而是有複數以上，氣味B也附著在不同的感受器上，同時嗅聞氣味A和氣味B時，氣味A和氣味B就會融合成一種類型，並被視作不同的氣味類型儲存於記憶中。因此就算接受器不多，也能感受到多種類型的氣味（194頁圖7）。氣味混搭後變成另外一種不同的氣味，從感受器的對應模式來解釋就能理解了吧，這也是料理中會用上辛香料和藥草的理由之一。例如椀物料理中使用了柚皮薄片這味芳香調味品時，一番高湯的香氣和柚皮的香氣不會分開感受到，而是融

合為一股獨特的香氣被嗅覺感受器接收。

嗅覺感受器位在嗅神經前端，從鼻子前端感受的香氣成分和鼻子後段傳送的物質（香氣成分）都會附著在相同的地方（192頁圖5）。

從鼻子前端（外鼻孔）吸入的香氣名為鼻前嗅覺香氣。相對的，在喝紅酒或吃飯時沒從外鼻孔吸入的氣味（通過喉嚨〈後鼻腔〉感受到的氣味），也就是後半段湧入的氣味名為鼻後嗅覺香氣。人們常說的風味，就是指味道＋鼻後嗅覺香氣。

Why：為什麼高湯如此重要？

日本料理中的「高湯」能燉煮蔬菜，也可以作為烏龍麵等碳水化合物的「湯汁」食用。在這種時候，舌頭能感受到鮮味（也就是蛋白質發出的信號），攝入體內的卻是蔬菜和碳水化合物，我們將這種狀況稱為「鮮味悖論」。當舌頭感受到鮮味時，大腦會下達「請攝取蛋白質」的命令，而真正攝入體內的卻是蔬菜和碳水化合物。

只要被吸收進體內，不管是蛋白質還是碳水化合物都會被分解、轉化成肝糖，做為身體能量的儲存物資。放大來說，對身體並不會造成什麼危害。只是大腦搞錯了狀況，「錯認了帶有蛋白質信號的鮮味，而攝取了可提供能量來源的碳水化合物和對身體有益的蔬菜」，這應該算是鮮味相當重要的使用方式吧。

提到肉類，必然少不了脂肪。但日本料理總是盡可能地去除脂肪，我想也是因為如此，才會讓鮮味徹底發揮它的存在價值吧。這或許就是「鮮味悖論」得以成立的理由。

最近就連法國料理都逐漸減少了油脂含量。但法國料理的香氣成分多半都屬於脂溶性，油脂減少必然會使香氣也變得寡淡。克服這點的應對方式就是在料理中加入大量的香草，現在有不少店家都推出了比醬汁更接近高湯的餐點，我想這也是全世界共通的料理趨勢吧。

高湯有兩大重要的作用，其一是「確保美味」。如果是了解料理本質的人，理所當然能巧妙地運用帶有鮮味的食材，即使不使用高湯也能做出美味可口的料理，但對於不通此道理的人來說，高湯就是確保料理美味的關鍵。其二是「改變美味的形態」，高湯本是液體，但在蔬菜風味的什錦湯中也能品嚐到其美味。

How：高湯該怎麼製作，如何運用？

如何製作

在昆布高湯的萃取條件和麩胺酸濃度研究中，曾做過以30℃、60℃、80℃、40℃中途提升到60℃，這四種溫度各自加熱60分鐘的實驗。結果以60℃加熱60分鐘萃取出的昆布高湯所含的麩胺酸濃度最高。雖說得出的結論最能有效萃取麩胺酸，但還是得依各店家對於昆布和風味的喜好選擇而進行調整吧。

至於水質硬度與高湯之間的關係，並沒有得出明確的結論。但硬度為0、也就是排除了礦物質的蒸餾水雖然更容易萃取所含的胺基酸，昆布的組織結構同樣也容易遭到破壞，並不適合用來製作高湯。

不同於過往的高湯，在設計新式高湯時必須多動動腦筋思考，該從哪一步著手，該如何進行，該怎麼做才能轉移味道成分和香氣成分，在腦海中推演後再試著去搭配組合，多方嘗試各種可能。例如將昆布浸泡在水中以100℃加熱一小時，再把昆布碾碎倒入蒸汽式加壓咖啡機中，只需幾秒鐘就能得到相當濃郁的高湯。

高湯本就是將食材的味道成分、香氣成分轉移到水中的一大工程，嘗試創作新式高湯時，不妨從鮮味成分含量較多的食材去尋找製作新式高湯的素材。

如何運用

鮮味的使用方式整理如下（圖8）。

想要提高鮮味成分的濃度有兩種方法。一是「濃縮」。在本身就具備鮮味成分的情況下，只需要經過加熱、乾燥的步驟即可濃縮。另一種方法則是「發酵」。「發酵」適用於蛋白質較多的食材，蛋白質發酵後分解成胺基酸，藉此提高鮮味濃度。

在必要的時候「改變形態」，則會因目的不同而有所變化，例如將鮮味固體化，先刨削再搗成粉末狀，讓鮮味可以在瞬間被抽取出來。

圖8：鮮味的使用方式

提高鮮味成分的濃度 → 改變形態 → 轉移 → 搭配組合

- 提高鮮味成分的濃度
  - 1. 濃縮
    - 加熱後濃縮
    - 乾燥後濃縮
  - 2. 發酵
- 改變形態
  - 轉化成固體
    - 刨削
      - 粉末化
- 轉移
  - 1. 轉移至水中
  - 2. 轉移至食物中

「轉移」就看是要將鮮味轉移到水中，或是食物上。昆布漬便是把昆布的鮮味成分轉移到食材上的一種提鮮技術。「搭配組合」是指動腦思考如何將素材做出全新的搭配。

例如要把烘烤番茄乾和羊肚菌製成全新的「高湯」時，得先「乾燥後濃縮」、「轉移到水中」，然後「搭配組合（烘烤番茄乾和羊肚菌）」把鮮味的使用方式條列出來充分理解後，應該有助於提升腦海中的構想與創造力吧。

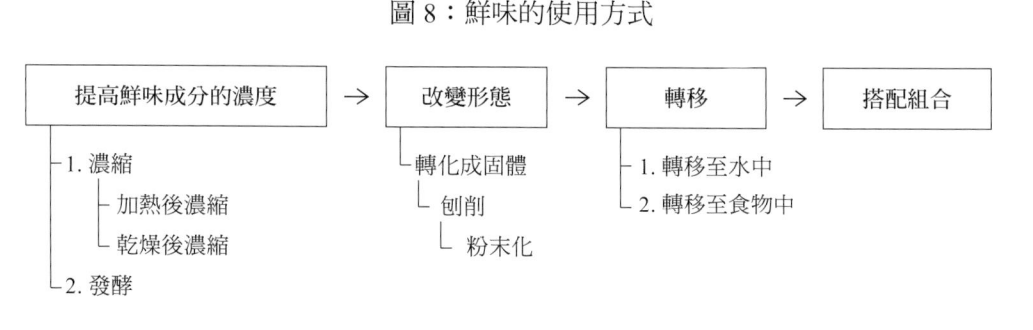

高湯的使用方式

以高湯來說，就是「鮮味的成分轉移」。其中最具象徵性的就是「燙青菜」，放入鰹魚乾或昆布，讓鮮味成分轉移到水中後形成高湯，以高湯汆燙將鮮味成分轉移到蔬菜上便成了「燙青菜」這道簡便的料理。轉移鮮味成分也可說是高湯最本質的使用方式。

若想讓食客在品嚐過程中得到超出食材的感動，必然得先提升食材本身的鮮美滋味，此時高湯的存在就是為了完成升級食材美味的重要任務。即使是過去未曾使用過的素材，只要本身擁有別具一格的香氣或特別之處，或許也能在「高湯」的鮮味加持下，成為一道引人食指大動的料理。例如味道苦澀卻帶有特別香氣的素材，可以靠鮮味將苦味適度壓制後，成為一道「微苦」的美味料理。那些過去未曾被使用在料理上的素材或部位也能如法炮製靈活運用，這就是「以高湯提升素材」的概念。

除此之外，在提升素材的美味程度這一層面上，「同質高湯」也是相當有趣的構思。在日本料理中，並沒有把昆布和鰹魚乾熬製的高湯運用在鰹魚料理上的「同質高湯」作法，但這確實也是高湯的基本用法。在法式料理中，會以蘆筍外皮製成的高湯來燙熟蘆筍，使「蘆筍的風味更加濃郁」，這就是利用同質高湯使素材的風味更上一層樓的創造力。

料理人透過料理所展現的態度

料理人親手製作美味的料理，為了將美味發揮到極致，所要具備的不只是烹調技術，還必須理解每一樣食材在烹調過程中成分和構造的變化，也得知道吃入口中的料理會產生怎樣的口感。有鑑於此，科學的思考模式才更為重要。掌握科學這一門課，不只是能靈活運用化學物質或科學技術，而是可以更加通曉事物的本質與構成方式。除了製作美味料理所需要的知識和思考模式，也可以用更科學的角度來理解傳統的烹調技術並加以運用，並且還能更有效率地學習料理，減少走冤枉路，如此一來就能節省出更多時間。作為一名料理人，這些多出來的時間大可以拿來思考創造出令人耳目一新的料理。

說起料理人透過料理所能展現的態度，過去大概會是歷史或飲食文化。以前的料理人會專程前往法國學習法式料理，是因為有想把屬於法國的產物照本宣科帶回國內的動機。後來的發展慢慢轉到「食材」上，表現出「自然」的一面成了當今的流行趨勢，最近更發展成「永續性（可持續性）」。為了將料理人的創造力活用在料理上，以科學的角度來思索料理本就是相當重要的一環，這也是料理的表達方式能不斷進化發展的成果。

在思考該怎麼運用過去從未被人食用的食材時，在提升永續性這一點上，「高湯」肩負的責任重大。正如前文所述，靠著「以高湯提升素材」的概念，就能一口氣解決浪費食材、並提升料理味道和風味，或許還能趁勢推出全新的料理呢。藉由科學角度的省思，讓前來用餐的客人們感受到超越食材的感動吧！

川崎寛也：味之素株式會社食品研究所上席研究員
林亮平：「TENOSHIMA」餐廳主廚

▶▶▶ **接下來，請先瀏覽189頁介紹的圖表，再請兩位針對「高湯」這一主題好好暢聊一番。**

川崎　那麼首先，讓我來解釋一下這份資料（189頁表2「製作圖表使用的資料」）吧。

事先說明一下，這份圖表並不是各店家的高湯成分分析。即使使用的是相同的昆布或魚乾片，也會因為年分和地域而有所不同，這些數字並不完美。不過只要知道這間店使用的昆布和魚乾片種類，就能自己計算，也算是個大略的標準值吧。

我認為這樣的概念相當重要。若不是專門的研究者，根本沒辦法對此做出分析，所以為了取得一些指標，計算出相應的數字也是很重要的。

▶▶▶ **關於這份資料和圖表，該怎麼解讀才好呢？**

川崎　原本的資料是像這樣（187頁表1），顯示昆布100g的麩胺酸含量和魚乾片的肌苷酸含量。例如製作高湯食譜時，若能知道加入1公升的水後，昆布和魚乾片分別使用了多少克，自然能計算出每一家高湯的麩胺酸和肌

苷酸含量。不過這類分析的前提是所有含量完全萃取後的數字，才會有這麼多的麩胺酸和肌苷酸。但實際製作料理時，依萃取方式不同，呈現的結果也不會一樣。溫度愈高愈容易萃取，拉長時間也容易萃取。記錄熱量也是為了方便參考。此外這兩種成分都能溶於水，只要長時間浸泡在水中自然能萃取其中成分。

「鮮味強度計算值」是非常有趣的研究。從前味之素的研究員還曾製作過從麩胺酸和肌苷酸的濃度計算出鮮味強度的計算公式，因為公開的是偏向科學性的論文，這套公式當時也被發表出來了。

189頁的圖1～3是將這些資料圖表化後的成果。圖1的橫軸是麩胺酸的含量，縱軸則為肌苷酸的含量。兩軸大概都對上了，但橫軸更長一點。點的顏色是昆布高湯加熱時的溫度×時間計算出的熱量，顏色愈深熱量愈高。我想大家看了就能明白，應該沒有人會覺得肌苷酸的含量更高吧？日本料理店的高湯使用更多的還是昆布。但東京一般的蕎麥麵店只會用鰹魚乾來製作高湯，加上醬油調味，製成醬汁與蕎麥麵搭配食用。因為過去東京很難買到優質的昆布，所以才會讓鰹魚乾和醬油的麩胺酸互相搭配。雖然是利用了相乘效果，但方法錯了。

圖2是昆布和鰹魚乾的使用量圖表，點的顏色和圖1一樣代表熱量。圖3是每間店的高湯經過計算得出的鮮味強度條形圖。

▼▼▼ 前面提到麩胺酸與肌苷酸含量為1：1時，在相乘效果的加持下，會讓鮮味更濃郁。所以只要將比例控制在1：1就好了嗎？

川崎　倒也不是這麼回事。

確實在1：1時更能感受到濃郁的鮮味，但感受到的鮮味強度比例範圍僅是起伏不甚明顯的幅度。並且因濃度而使比率產生變化，所以嚴格執行「麩胺酸與肌苷酸的比例必須是1：1」並沒有什麼意義。

所謂的1：1只是成分等級的實驗結果，就成本來說並不划算。畢竟肌苷酸的成本太高了。以昆布和鰹魚乾相比，相同重量的鰹魚在價格上更昂貴。儘管接近1：1的比例或許會讓鮮味更濃郁，但成本也會高出許多，熬製的高湯就不符合經濟成本了。既然開店營業，當然要盡可能壓低成本，好好利用相乘效果提升鮮味，這是非常重要的一點，但想做好並不容易啊。

林　這或許正是解除咒語束縛的鑰匙。畢竟大家還在店裡當學徒時，每間店對於昆布和魚乾片都有固定的使用量。我們一直都在沿襲修行店家所訂下的比例和感覺，等到終於有了自己的店，也沒有多餘的時間再去驗證什麼，只能相信自己累積的經驗，但還是吃了不少苦頭。

如果能真正理解這份資料，就不用再依靠曾經學藝研習過的店家，自己也能試著創造出不同風味的高湯了。

川崎　以風味來說，昆布就有分真昆布、利尻、羅臼，鰹魚乾和鮪魚乾，也有各種類型可供選擇，這些情報我都會收錄在書裡，而且不只會有麩胺酸和肌苷酸的含量。這麼一來，圖表也會更加立體，不再只是平面的文字敘述。

▼▼▼ 關於「TENOSHIMA」的高湯，有什麼可分享的嗎？

林　我想從頭開始做起，所以在剛開店的時候，就大概把各種昆布和鰹魚乾都嘗試了一遍，於是有了現在的高湯。但這跟我在當學徒時的店家所秉持的方向性並不一致。

川崎　「TENOSHIMA」的高湯和「翠」相比，鮮味強度稍微弱了些，但使用的昆布量也比較少。以相乘效果的觀點來看，「TENOSHIMA」應該是利用相乘效果使鮮味變得濃郁了，這點還是挺明顯的。

林　我的確是利用了相乘效果，並試著盡量減少昆布和鰹魚乾的使用量。

當然最重要的還是讓客人們滿意，我自己當然也想做出優質的美味高湯。但還是得在控制成本和讓客人滿意這兩件事上取得平衡，而省下來的成本則用做店裡工作人員的薪資，這也是為了業界的蓬勃發展。

川崎　和以前相比，昆布和鰹魚乾的價格的確上漲了不少，這方面當然得精打細算才行。

林　而且現在也不是可以什麼都不管不顧，一心鑽研如何做出美味高湯的時代了。為了將有限的材料做有效的運用。所以我逐漸把鰹魚乾的使用量減少到現在的程度，這都是經過謹慎考量的結果，但對於昆布還是有些許不安，於是停在目前的用量。

川崎　昆布帶來的影響可是很巨大的。

林　你說的沒錯。我也很清楚現在只能依靠昆布（笑）。關於昆布的種類，這就是個人喜好了。真昆布和羅臼昆布我也全部嘗試了一遍，或許是因為我本來就是靠利尻昆布養大的，就是覺得利尻昆布比其他的都更加美味。羅臼和真昆布的鮮味強度都好驚人，甚至讓我詫異居然能有那麼濃烈的鮮味，真的嚇了我一跳。

川崎　畢竟是多出好幾倍的鮮味嘛。

林　鮮味強勁到這個程度，該怎麼平衡著實讓我有些不知所措。但是看到這麼多案例，又激起我想挑戰的想法。

川崎　分量記得要減半喔。所謂的鮮味，並不是愈濃烈愈好。原本鮮味對舌頭的影響就是包含了許多方面。當整體口感偏醇厚順滑時，雖然這也算是一種風味啦，但就是少了原有的那份尖銳。

林　有點像是被屏蔽了的感覺吧。

川崎　沒錯沒錯。這點在香辣料理上尤為明顯。例如把咖哩的口感搞得太溫和的話，可是會讓印度人嫌棄的（笑）。畢竟他們吃的就是味道鮮明的香辣風味，這邊卻搞得像第二天的咖哩一樣，雖然日本人是比較偏好這一味啦，不過這也算是麩胺酸的宿命吧。

歐美國家的高湯是由各種肉類熬製而成。麩胺酸不過是多種胺基酸的其中之一，歐美國家的高湯可說是各種胺基酸的聚合體所形成的鮮味，也就導致無法那麼清晰明確的感受到鮮味，反而讓入口的味道更複雜了。所以外國人很難理解什麼是鮮味。直到現在都很難理解。

▼▼▼ 關於日本料理的高湯，兩位有什麼想法嗎？

林　日本料理中，有很多非得這麼做不可、必須這樣做才行的束縛。我想或許就是無論如何都想擺脫那種束手束腳的情況，才會走上自立門戶，創造自己的料理一途吧。這實在是一道無解的難題，因為眼前的束縛真的太多了，不過知道了這些事（科學的資料與分析）後，我想這很有可能是解開束縛的一大轉機呢。

川崎　什麼束縛啊（笑），應該還有不少決定性的因素才對吧。想製作出美味的料理，其條件可是多不勝數，並且這些條件不分先後，全都非常重要。但要說本質是什麼的話，雖然每個人的想法都不一樣，單就高湯而言還是

林：味道與氣味。當然若要說得更細緻點，勾芡會更具有口感，我想多數人都會覺得是差不多的事。比起重要程度，應該先排出優先順序。

川崎：例如除了高湯以外，在料理中，醬油和味醂誰比較重要呢？用來盛盤的器皿形狀和顏色，更該在意哪一邊呢？我想是會有這種狀況的。負責教授的人，或許覺得這些全都很重要，而在努力思索消化後，呈現在客人眼前的，想必就是料理人認為真正重要的地方。我想這也透露出料理人的價值觀，並從中抓住了屬於自己的本質。所謂的創新，應該就是這樣的一套流程吧。

林：是啊，雖然能在短時間內達到自我驗證，但只靠自己一個人去完成這些檢驗實在太痛苦了（笑）。

川崎：是因為不知道該怎麼著手吧。

林：就是這麼回事。因為根本不知道該往哪個方向踏出第一步，又沒個重心，真的是眼前一片黑暗。但有了這樣的指南，再深入去探索相乘效果的使用方式，嘗試、對照比較，明白過後更能有效控制成本。一想到這裡，真的太感謝有這樣帶有科學性的見解提供參考了。不僅讓我撥開了眼前的迷霧，也更有自信了。

▼▼▼ **林先生對小魚乾高湯的使用也相當積極，關於這點是有怎樣的考量嗎？**

林：我認為日本料理有點像是昆布和鰹魚乾的一言堂。不說這樣的狀況是好是壞，但我確實想試圖擺脫只能依靠昆布和鰹魚乾的現況，才會選擇以小魚乾高湯來拓展市場，這麼做也的確帶來了一定的衝擊，但在有所限制的情況下盈利，或許能研發出更多全新的可能性。所以我才想建議大家多多嘗試昆布和鰹魚乾之外的高湯製作。不過我們店裡的小魚乾高湯也有加入昆布，我還是沒辦法完全擺脫昆布啊。

川崎：要說麩胺酸含量如此豐富的食材，除了昆布再也沒有其他了。這也是無可奈何的事。畢竟人們也是在極為偶然的情況下發現這一點的。

放眼全世界，仍然只有北海道那一帶的昆布具有豐富的麩胺酸，而且還不是在乾燥期間人為添加的。不知為何那一帶的昆布積存了特別多的麩胺酸，至今仍找不出理由。如果說是因為生育在寒冷之地的關係，但在更為寒冷的北歐所孕育的食材也沒有如此豐富的麩胺酸。

林：鮮味本身的濃度會依昆布的種類而有所不同，這應該是從採收之後就不變的吧。

川崎：剛才你提到了高湯是昆布和鰹魚乾的一言堂，我想是因為都市料理的關係。京都的料理來自都市，也就是所謂文明的料理。

文化的重點在於事物的多樣性，而文明的重點則在於有效率地匯整統一。這跟人們所說的食物里程無關，就是將來自北海道的昆布和來自南方的鰹魚乾帶到京都這塊土地上，這完全就是都市的料理。

在日本的飲食文化中，已經有了名為日本京都的都市料理，但其他地方也各有各的地方文化料理，一定是有的。只是從某個時候開始，人們想到的就只有京都料理了。不過既然飲食文化已經成熟到一定階段了，或許可以再次省思，讓料理從都市回歸到地方，這麼想應該是可以的吧。

法國也有同樣的狀況，即使是小地方也會有三星等級的餐廳，他們或許也曾前往巴黎學藝，直到掌握了廚藝再回到地方。要說為什麼的話，還是因為料理技術只會在都市、在文明掛帥的地方發揚光大，這也與食材的限制有關。就連京都處在這樣的限制中，處在類似如果做不出美味食物就會被砍頭的巨大壓力中，令料理人不得不費盡心思使技術更為精進。而這樣的集聚意識依然可在京都料理中窺得一二。林先生不也擔負著將料理再次帶回地方的使命嗎？

林　是的。我確實有不久後要回到島上（香川縣・手島）的想法。在擁有京都的文明技術後，復興鄉土料理或許是日本料理接下來的走向吧。

想到這裡，發揚地方的高湯果然是必然的結果，在這層意義上我也想多多使用小魚乾高湯。雖然高湯中還是會加入昆布，但只以小魚乾熬製的高湯也相當美味。所以在步入下一階段後，我應該會製作出完全的小魚乾高湯，現在還在精益求精的路上就是了。

▼▼▼ 沒有可以取代昆布的食材嗎？

川崎　日本的昆布也是在偶然的情況下，被發現含有極為豐富的麩胺酸。北歐料理實驗室的哥本哈根大學講師分析了各式各樣的海藻生物，卻再也沒有找到麩胺酸含量如此高的食材了。

林　美國的梨形囊巨藻怎麼樣？

我對那個巨藻非常感興趣。畢竟現在已經到了必須放眼全世界，認真思考該怎麼將含有麩胺酸的食材製作成高湯的時候了。

我心裡一直存在著昆布總有一天會用盡的危機感，並自認必須將這件事傳達給下一代，出自這樣的使命感，我也自作主張這麼做了。一想到這裡，就不得不以昆布用盡為前提，設想將來料理的走向。

川崎　再這麼放著不管的話，昆布確實會用盡啊。

林　現在都快沒得採收了，相關的從業人員也愈來愈少。將來可能只會在某些高級飯店裡才吃得到了。其實不只是昆布，魚類也是一樣。和我同一代的料理人最近有不少也開始正視這個問題了。

我現在對辣椒也非常感興趣，其中包含兩大理由。辣椒一直給人鮮味很濃厚的感覺，考慮到又是對溫度的耐受度相當不錯的農作物，再從高湯和溫室效應這兩大觀點做考量，條件也完全符合。雖然在料理上有所局限，但以辣椒製成的高湯應該很有趣吧。

川崎　經過分析，辣椒的麩胺酸含量也很可觀。辣椒的辣味成分不是不溶於水嗎？但是可在油脂中溶解喔。

例如以水來熬煮大量的辣椒，再加入油脂混合乳化，辣椒的辣味成分會不會轉移到油裡呢？接著再想辦法去除油脂，是不是就能熬製出辣椒高湯了？畢竟鮮味成分無法溶於油脂中。

林　原來如此，我會試試看的。

是到了該認真思考這些事的時候了呀。日本國內就不用說了，應該也要放眼國外仔細尋找才是。

並且我還想著該怎麼做，才能以更簡單的方式來製作高湯。也就是將步驟簡略化。

▼▼▼ **關於高湯，其他還有什麼應對方式嗎？**

林　最近我正在嘗試讓高湯的滋味變得更濃郁。例如蝦子本身帶有腥臭味，若長時間熬煮，那股腥臭就會更加明顯，所以我會在鮮味釋放得差不多時，立刻瀝淨湯汁，將其濃縮後使用。

川崎　這麼做是對的。

以前我曾做過中式全雞高湯的實驗。找來了專業的湯品主廚將三公斤的雞剖半，加入六公升的水熬煮四小時，濃縮成三公升的高湯，接著又替換成不同的條件。約莫過了三十分鐘，再查證會釋放出怎樣的成分，在一開始的三十分鐘裡就已經釋放出超過八成的胺基酸了。於是我們又接著分析接下來的三個半小時會發生怎樣的變化，除了理所當然的濃縮之外，剩下的就是梅納反應了。以顏色來說，一超過三個半小時，湯汁就突然變成茶褐色。所以說，胺基酸在一開始的時候就幾乎完全釋放了。

林　我也會熬製雞湯，因梅納反應造成的色差，還是能想像出製作成日本料理的感覺。只是當湯汁變得愈來愈濃稠，就逐漸脫離日本料理的範疇了。

川崎　食物的香氣也會跟著變濃郁。

林　畢竟清淡的口味還是比較符合日本料理給人的感覺啊。雞的話不使用全雞，而是使用部分雞骨架和肉末熬煮三十分鐘左右即可過濾。想讓湯汁更濃郁的話，可在過濾後繼續熬煮。如此一來，既不會產生過度的梅納反應，濃度也能增加。

川崎　如果以雞胸肉和雞腿肉比較，雞胸肉的胺基酸含量較高。

林　是的，我也只使用雞胸肉和雞脯肉，而且都會去皮。油脂也不需要。不管是魚類還是肉類，我都認為不需要油脂，所以一定會去除乾淨。

▼▼▼ **從高湯的觀點來看，日本料理與法國料理最大的區別在哪裡呢？**

川崎　料理首先來自於大自然，而在被客人吃進嘴裡之前的工序該由誰來負責，大概都是這樣的流程吧。縱觀世界上的料理，日本料理人能動手的地方不多。首先是食材來自大自然，便有將自然當作農業栽培的人們，接著把農作物加工直到送交到料理人的手邊，這一道接一道的工序早已通過許多人來完成。而法國料理甚至連調味料都必須在鍋子裡由料理人親自製作。

極端一點來說，關於整體料理的工序，不管哪個國家的料理在某些程度上都差不多，端看是由誰來負責罷了。只是就比例而言，法國料理在這一方面著墨了更多。若想縮短處理時間，就必須把一些工作外包。例如將製作高湯這一道工序外包，或者就像日本一樣做成湯粉，料理人需要做的只有將高湯的精華提取出來。日本料理在這一方面可說是相當精練了，料理人也可以將所有精力投入在創造味道和設計料理上。

日本料理中的高湯是先將素材乾燥後，再讓乾燥的素材「出汁」，而法國料理的高湯則是邊出汁邊起到濃縮反應，所以也不會單純稱之為「高湯」，而是會以作法命名。法文中的「fond」是指醬汁的「基礎、基本」的意思，而作為高湯基底的清湯（bouillon）則帶有「沸騰、熬煮」的意思。

將這些料理資訊歸類整理並系統化的人，就是奧古斯特．艾斯科菲耶（Georges Auguste Escoffier）。若說法國料理為什麼需要歸類整理並系統化，還是因為法國料理實在太龐雜了。若不將其系統化，根本理解不了。至於日本料理則早就做好區分。昆布店的昆布、鰹魚乾店的鰹魚乾等，連烹調技術都已進展到組合化了。法國料理都是在烹調料理的同時處理各種食材，概念上雖然應該得配合組合化，但日本料理似乎沒有這個必要。

林　我在國外工作的時候，對這點深有體會。日本的料理人真的需要做的事很少，畢竟其中八、九成都已經完成了，我最近常在想這樣算是好事嗎？

川崎　是啊，所以不如稍微往後退一步。自己能動手的範圍不多的話，理所當然能做的事就少了，那在創新方面又能拓展出多大的可能性呢？用高湯來打比方，或許可以從製作高湯素材這一方面著手，說不定還能打破只有鰹魚和昆布可運用的僵局，出現全然不同的選擇。

林　我現在甚至想自己釀造醬油。我們 TENOSHIMA 都會親手釀醬油，而且是很理所當然的事。仔細想想，我們現在好像都被醬油控制了。為了配合哪家的窖藏醬油味道，而去製作料理。同樣也用來製作醬汁。

川崎　我有時會覺得料理和生物的進化其實還挺相像的。大概在五億年前，生物曾發生過寒武紀大爆發。以前世界上幾乎全是藻類，經過這一演化事件，便有了從單細胞分化成多細胞生物的進化。在這之後突然激增了許多不同的物種，這就是所謂的寒武紀大爆發。當時的DNA大概也受了劇烈的變化，後來因應環境這些變化才逐漸趨緩，留下了我們現今的狀態。料理何其相似，經由某個人發明了某樣東西後，就會短時間內迅速發散。例如醬便是如此。在中國有個人發現了發酵的物質，當時便以麴讓肉類發酵製成肉醬、野蔬醬、穀醬等各式的醬相繼問世。其中應該也不乏有味道不好聞、製作過程繁瑣、難以使用的產物吧。而現有的味噌、醬油都只是其中的一小部分而已。所以我才說可以稍微往後退一點點，說不定能找到屬於自己的舞台。說起自己親手製作調味料，這是法國料理的廚師每天都在做的事。但因日本已經有發酵的技術，倒是可以事先做好備用。整體看來，做的還是差不多的事。在日本，有麴菌這種富含蛋白質分解酵素的強大菌種，蛋白質分解後就降解成胺基酸，也就是鮮味來源。大豆的蛋白質含量也很豐富，所以活躍至今。當然穀醬也有各種可能性，可以試著從不同的豆類著手實驗。

林　是啊，前方能做的都已經做得差不多了，回溯過往反而有更多可能性，我認為這麼做一定有趣多了。

川崎　現在的話，不管做什麼一定能更有效率地完成。

▼▼▼

關於日本料理的將來，兩位有什麼想法嗎？

林　這樣的話題聊得愈多，愈覺得沒辦法走向世界了。畢竟我們都過於依賴旁人的付出。昆布和鰹魚乾都不是自己能做出來的東西。在料理的構成要素中，不屬於自己的部分實在太多了。不僅僅是食材，還有用來裝盤的器皿和空間。要走出國門的話，必須再盡量精簡。

川崎　法國料理倒是獨自一人就能完成了。只要明白那些原理、原則的話。

林　最近我在很多方面都感覺到日本料理的極限了。

川崎　不過令人放心的是料理總是會漸漸走向融合，最後還是會變得像世界料理一樣吧，不，是必須成為世界料理才行。在日本料理中碰到類似極限的狀況時就要更加重視，想辦法解決問題，最終必然會留存下來的。法國料理若是放著不去理會，也有可能會消失。即使嘴上說著「要將法國料理保留下來」，但法國料理究竟是什麼？說不定將來還會出現這樣的問題。但可能正因為看得見日本料理的限制，反而能留存下來也說不一定呢。

林　說的是啊，辦法還是人想出來的嘛。

聽你說了這麼多，我也更明確地知道自己該做些什麼了，而且也注意到該做的事可不只有一件。

川崎　說到改變，又不希望是以破壞的方式來打破現狀。畢竟大家都是為了讓日本料理能長久存在才這麼努力。

林　是啊，我真的非常喜歡日本料理，現在想的也是要留下一些什麼給我們的下一代。所以希望一般人也能在家裡嘗試料理，而我們這些料理人還有很多可以做的事。

川崎　其他的藝術不是都會留下成品嗎？不管是美術還是音樂，料理的難處在於百年前連張照片都沒留下。就連最重要的味道也沒人知道。當然料理總是在不斷進化的，這點也和生物一樣。因為只有不斷改變才能生存。料理不該受到高湯的束縛。應該是從對料理有怎樣的想法開始省思，並讓自己有能力隨心所欲地駕馭高湯，這才是最重要的事。

林　是啊，尤其是在還沒想好該怎麼做之前，先把所有精力都專注在該怎麼製作一番高湯吧。等一番高湯熬製出來後再開始去思索，料理的製作方式都會變得完全不一樣。首先就是要想清楚自己究竟想做出怎樣的料理，一切都是從這一步開始的呀。

川崎寛也

一九七五年生於兵庫縣。在京都大學拜伏木亨教授為師，研究「美味的科學」。農學博士。現在在「味之素株式會社」進行關於專業調理技術的創造與品味兩方面的研究。日本料理研究院理事。

◎料理解說（補充說明）

鬥雞佐蓴菜
〔日本料理　晴山〕
↓25頁

材料

- 雞（鬥雞）腿肉……適量
- 蓴菜……適量
- 雞湯（參照 p.24）…適量
- 酢橘（切成圓片）……少許
- 鹽、料酒……各少許

1 雞肉灑上鹽，以炭火炙烤。

2 蓴菜以沸騰的滾水燙熟至顏色出來後，放冰水中冷卻。

3 將1的雞肉切成一口大小，和瀝乾水分的2蓴菜一起盛盤。加熱雞湯，以鹽、料酒調味後淋在料理上，最後以切片的酢橘裝飾。將酢橘的汁液擠在料理中，即可享用。

海鰻冬瓜與萬願寺的椀物
〔多仁本〕
↓53頁

材料

- 海鰻……適量
- 冬瓜……適量
- 萬院寺辣椒……適量
- 葛粉……適量
- 水（天然水）、鹽、淡口醬油、料酒……各適量
- 昆布……適量
- 鰹魚乾（帶含血肉的鰹魚乾）……適量
- 一番高湯（參照 p.48）‥適量
- 海鰻高湯（參照 p.52）‥適量
- 萬院寺辣椒醬汁
  - 二番高湯（參照 p.49）、料酒、鹽、淡口醬油 各適量
- 青柚子皮（柚皮細絲）…少許
- 梅肉……少許

1 將處理過的海鰻去除魚骨，切成一人份的魚肉塊。表面灑上薄薄一層葛粉，在加了鹽的滾水中汆燙10秒左右，放入冰水中冰鎮。

2 冬瓜去皮切塊，放入鍋中加水和昆布，開火熬煮。等冬瓜變軟後，以鹽、淡口醬油、料酒調味，再追加鰹魚乾。

3 大火翻炒辣椒，放入用以二番高湯、料酒、鹽、淡口醬油調製的醬汁中浸泡半天。

4 將1的海鰻和2的冬瓜放入蒸鍋中加熱。從蒸鍋取出前的一分鐘加入3的萬願寺辣椒一起加熱後，再全部盛入湯碗中。

5 將一番高湯和海鰻高湯加在一起開火加熱，以鹽、淡口醬油調成醬汁倒入4中，最後疊上柚子細絲和梅肉。

甲魚嫩薑土鍋
〔多仁本〕
↓57頁

材料

- 甲魚（參照 p.56 的作法熬製過高湯的甲魚肉和裙邊）……p.56 的分量
- 甲魚高湯（參照 p.56）……適量
- 二番高湯（參照 p.49）……少許
- 米……適量
- 生薑（薑絲）……適量
- 日本萬能蔥（切成蔥花）……適量

1 熬製過高湯的甲魚去除魚刺，用菜刀剁細碎。剁碎過程中出現的魚刺也要仔細去除。

2 將淘洗過的白米和1的甲魚、生薑絲一起放入土鍋中。在甲魚高湯中加入少許二番高湯調整分量後，倒入土鍋中燉煮。

3 燉煮完成，灑上日本萬能蔥。

〔TENOSHIMA〕
小魚乾高湯煮麵 ↓65頁

材料

煮麵高湯（方便製作的分量）
- 小魚乾高湯（參照 p.64）····1000mℓ
- 鹽（海鹽）·····3.4g
- 淡口醬油·····29mℓ
- 米醋（頂級富士醋 p.remium）···4mℓ

九条蔥·····1 把（80g）
柚子·····1 人份 1 片（柚皮薄片）
七味唐辛子···1 人份 0.5g
麵條（半生麵）···1 人份 40g

1 小魚乾高湯中加入鹽、淡口醬油、米醋加以混合，做成煮麵高湯。九条蔥切成蔥絲。
2 滾水燙熟麵條，以流動的清水沖洗過後瀝乾水分，將1的高湯煮沸後盛盤。
3 在2的高湯中加入九条蔥，稍稍沸騰後倒入湯碗中。最後添上柚皮薄片和七味唐辛子。

〔TENOSHIMA〕
石斑魚湯霜造　高湯涮肉風味 ↓67頁

材料

石斑魚 *·····1 人份 12g
（薄切造身（刺身））×5 片
石斑魚高湯（參照 p.66）·····適量
蔬菜的初芽·····10g

佐料醬汁（1 人份）
- 蘿蔔泥·····5g
- 蝦夷蔥切蔥花·····10g
- 佐料醬汁（參照下述）·····20mℓ
- 相互混合

佐料醬汁（方便製作的分量）
- 濃口醬油·····500mℓ
- 淡口醬油·····200mℓ
- 味醂·····300mℓ
- 料酒·····280mℓ
- 水·····90mℓ
- 昆布·····15g
- 鰹魚乾·····50g
- 柑橘果汁（檸檬、血橙、美生柑、臭橙、柚子）·····約 1000mℓ
- 將味醂、料酒、水、昆布一起倒入鍋中開火熬煮，直到酒精揮發。再加入濃口醬油、淡口醬油，沸騰後立即關火，放入鰹魚乾。冷卻後過濾，和柑橘果汁攪拌均勻使用。

＊石斑魚：依照 p.66 的 1 和 2 作法三切魚片。

1 將已切成三片的石斑魚連皮一起做成薄切造身。
2 在出餐之前，以網勺將1的石斑魚帶皮的一面向下，讓帶皮的一面在滾燙的石斑魚高湯中加熱30秒。關火後，將石斑魚放入高湯中，再立刻撈起。
3 石斑魚盛入溫熱過的器皿中，灑上蔬菜的初芽做裝飾，同時提供佐料醬汁。

＊氽燙過石斑魚的高湯也可與料理一同提供。

〔TENOSHIMA〕甜蝦什錦湯

↓69頁

材料

- 甜蝦高湯（參照 p.68）……1000mℓ
- 白味噌……125g
- 淡口醬油……10mℓ
- 米醋（頂級富士醋 p.remium）…10mℓ
- 葛粉水……50mℓ
  （葛粉…225g+ 水…500mℓ）
- 蝦夷蔥（切蔥花）……1 人份 1g

1 加熱甜蝦高湯，加入白味噌溶於高湯中，再以淡口醬油、米醋調味。倒入葛粉水勾芡。

2 倒入湯碗中，灑上蝦夷蔥花。

〔TENOSHIMA〕鬥雞真丈 蕎麥米沢煮

↓74頁

材料

鬥雞真丈
（1 人份 45gx12 人份）

- 雞（鬥雞）腿肉末……320g
- 海鰻肉漿……225g
- 濃縮雞湯（將 p.70 的雞湯煮乾一半）……150mℓ
- 小麥麵粉……12.5g
- 淡口醬油……12.5g
- 鹽（海鹽）……5g

椀物的配料（6 人份）

- 蘿蔔……44g
- 金時胡蘿蔔……36g
- 牛蒡……25g
- 蕎麥米（乾燥）30g
- 雞湯（參照 p.70）……500mℓ
- 淡口醬油……10g
- 鹽（海鹽）……1.5g

清湯（4 人份）

- 一番高湯（參照 p.63）……450mℓ
- 雞湯（參照 p.70）…150mℓ
  （含燉煮過食材的湯汁）
- 淡口醬油……15mℓ
- 鹽（海鹽）……12g
- 葛粉水……20g

事先備好的配料（1 人份）

- 鴨兒芹（切碎）……5g
- 白蔥（切成 7mm 小丁）…3g
- 黑胡椒粒……0.3g
- 柚子皮（切成松葉狀）‥1 片

1 製作真丈。將海鰻肉漿、雞絞肉、鹽、淡口醬油、小麥麵粉加入濃縮雞湯後融合，倒入食物調理機中拌勻。捏出一人份約45g的大小。

2 備好椀物的配料。將蕎麥米倒入滾水中汆燙八分鐘後撈起自然放涼。蘿蔔、金時胡蘿蔔、牛蒡各切成5mm的丁狀，和雞湯一起放入鍋中煮軟後，再加入汆燙過的蕎麥米、淡口醬油、鹽調味，靜置放涼。

3 完成。將1的真丈送入氣炸烤箱（設定85℃、溼度100％）蒸八分鐘。

4 一番高湯中加入雞湯加熱，以淡口醬油、鹽等調味後，加入2的食材。待沸騰後加入葛粉水勾芡。

5 將3的真丈放入湯碗中，周圍灑上切碎的鴨兒芹，倒入4的高湯，灑上蔥花。最後以松葉狀的柚子皮和黑胡椒粒點綴。

〔TENOSHIMA〕

白菜古漬豬肉丸鍋風味

↓73頁

材料

豬五花肉（依照 p.72 的作法，熬煮過高湯的豬肉）…… 厚度 1cmx2 片

A（豬五花肉的湯汁）
- 豬肉高湯（參照 p.72）……800mℓ
- 淡口醬油……90mℓ
- 料酒……50mℓ
- 米醋（頂級富士醋 p.remium）……60mℓ
- 味醂……10mℓ
- 最後鹽分濃度控制在 2.5%。

白蔥……1 根

太白胡麻油……300mℓ

作為食材的白菜
- 白菜……1/4 顆（600g）
- 古漬白菜＊……500g
- 豬肉高湯（參照 p.72）……500mℓ
- 淡口醬油……適量
- 最後鹽分濃度控制在 0.8 ~ 0.9% 之間。

鍋物湯底
- 豬肉高湯（參照 p.72）……500mℓ
- 一番高湯（參照 p.63）……500mℓ
- 淡口醬油……25mℓ
- 葛粉水……35mℓ
- 最後鹽分濃度控制在 0.78 ~ 0.82% 之間。

生薑汁……1 人份 5mℓ

＊ 古漬白菜：白菜切絲，加入比重 3% 的鹽搓揉。去除釋出的水分後，擰乾白菜，放入容器中以常溫保存約兩星期。

1 將熬煮過高湯的豬五花肉切兩片 1 公分厚（30g）的肉片。和 A 的湯汁一起放入鍋中，蓋上鍋蓋悶煮 10 分鐘。隔冰水冷卻，讓味道滲透。

2 白蔥切成蔥花，用太白胡麻油炒至焦黃，做成炸蔥花和蔥油。

3 燉煮白菜。將白菜切成細絲放入鍋中，加入古漬白菜和豬肉高湯一起燉煮到食材變軟。確認味道後，若有需要再以淡口醬油調整鹽分。隔冰水冷卻。

4 製作鍋物湯底。鍋裡倒入豬肉高湯和一番高湯，開火熬煮。沸騰後加入淡口醬油、葛粉水勾芡。放在一旁冷卻。

5 丸鍋＊中倒入 4 的鍋物湯底 250mℓ，加入 1 的豬肉和 3 燉煮過的白菜 30g 後開火。等湯鍋裡冒泡沸騰後，將生薑汁以畫圓的方式倒入鍋中，放上 2 的炸蔥花，再滴入 2mℓ 的蔥油。

＊ 譯註：丸鍋本是專門用來製作甲魚的鍋物料理，又名甲魚鍋。系因甲魚的圓形外殼，故有此名稱。現在也會用相同的料理方式以其他食材替代甲魚。

〔木山〕

冬瓜與夏季鮮貝

↓93頁

材料

鮑魚、滑頂薄殼鳥蛤、日本鳳螺……各適量

冬瓜……適量

昆布（利尻昆布）、蘿蔔……各適量

料酒、淡口醬油、鹽……各適量

一番高湯（參照 p.85）·適量

鮮貝內臟高湯（參照 p.92）……適量

葛粉……適量

黑胡椒粒……少許

1 從殼中取出鮑魚清洗乾淨，和水、料酒、昆布、蘿蔔一起燉煮六小時左右，直到將食材煮軟。切成好入口的適當大小。

2 將滑頂薄殼鳥蛤肉和日本鳳螺肉從殼中取出清洗乾淨，不需烹調直接切成好入口的適當大小（滑頂薄殼鳥蛤一片約切成 2 ~ 3 等分，以相同間距切成好入口的大小；日本鳳螺切薄片）。

3 冬瓜對切去皮，在瓜肉上劃幾刀，但不要切斷，放入滾水中氽燙到食材變軟，加入以料酒、淡口醬油、鹽調味過的一番高湯一起燉煮。

4 加熱鮮貝內臟高湯後，以淡口醬油、鹽調味，再倒入葛粉水勾芡。

5 將 1 和 2 的貝類放入還滾燙的 4，接著開火。

6 將溫熱過的 3 的冬瓜和 5 的貝類盛盤。

7 確認 5 的高湯味道（生鮮貝類可能會讓味道變得更濃郁），淋在 6 上。最後灑上胡椒。

〔ubuka〕

松葉蟹白菜甘味煮

↓147頁

材料

快速蟹高湯（參照 p.146）……適量
白菜……1/4 顆（縱向切成 4 等分）
松葉蟹肉（鹽水煮過的去殼松葉蟹）……適量
鹽、味醂……各適量
葛粉……適量

1 將切成四等分的白菜放置在料理盤中，疊上松葉蟹肉後撒鹽。放入已經預熱好的蒸鍋中蒸一小時。
2 將1的白菜放入客用的土鍋。
3 1蒸餾出的汁水另起一鍋加熱，以鹽、味醂調味。再加入葛粉水勾芡），倒入2的土鍋中開火煮至沸騰冒泡。
4 將松葉蟹肉擺放在白菜上，便可端上桌招待顧客。

〔ubuka〕

塌棵菜炒蟹肉燉汁

↓147頁

材料

快速蟹高湯（參照 p.146）…適量
塌棵菜（清水洗淨，切成好入口的大小）……適量
松葉蟹肉（鹽水煮過的去殼松葉蟹）……適量
米糠油、鹽……各適量
葛粉……少許

1 鍋子預熱，倒入少許米糠油，放入塌棵菜。用木製鍋鏟輕輕翻動4～5次後，加入蟹高湯。
2 將松葉蟹肉放入1中，以鹽調味。加入少許葛粉水拌勻。

〔ubuka〕

浸滿松葉蟹高湯的鮭魚卵與松葉蟹

↓151頁

材料（1 人份）

松葉蟹冷凍高湯（參照 p.150）……100mℓ
松葉蟹肉（鹽水煮過的去殼松葉蟹）……30g
鮭魚卵……50g
山葵（磨成泥狀）……1g
鹽、淡口醬油……各適量

1 松葉蟹高湯中加入鹽、淡口醬油，將鮭魚卵浸泡其中吸滿湯汁（約1小時）。
2 松葉蟹肉盛盤。1的鮭魚卵擺在周圍，在蟹肉頂端添上山葵泥。

松葉蟹膏燉蘿蔔〔ubuka〕
↓151頁

材料（方便製作的分量）

- 松葉蟹冷凍高湯（參照 p.150）……適量
- 蘿蔔……1根
- 松葉蟹的蟹膏（從鹽水煮過的松葉蟹中取出）……200g
- 白味噌……50g
- 鹽、味醂……各適量
- 柚子皮（柚皮切細絲）……適量

1 蘿蔔去皮，切成3 cm的厚度，用洗米水將蘿蔔燉煮至變軟，浸泡在水中去味。

2 將1的蘿蔔放入鍋中，倒入松葉蟹高湯淹沒過食材，加鹽和味醂調味，加熱10～15分鐘直到將蘿蔔燉煮入味。關火後靜置放涼。

3 另起一鍋放進松葉蟹膏，加入白味噌用木製鍋鏟攪拌開來。

4 送上桌前先將2的蘿蔔連同湯汁一起加熱。一人份以一塊蘿蔔盛盤，淋上湯汁後，將適量的味噌盛放在蘿蔔上，放入烤箱烤至微帶焦黃，最後擺上柚皮細絲點綴。

藤壺凍〔ubuka〕
↓158頁

材料

- 藤壺高湯（參照 p.156）…適量
- 寒天粉……高湯重量的 1.5%
- 藤壺肉（按照 p.156 的作法熬製過高湯的藤壺肉）……適量
- 生海膽……適量
- 豌豆（鹽水煮過後，脫皮的豌豆仁）……適量
- 紫蘇花穗……少許
- 山葵（磨成泥狀）……少許

1 加熱藤壺高湯，倒入寒天粉使之融化。待餘熱散去後，放入冰箱冷藏。

2 將1盛盤，添上藤壺肉、生海膽、豌豆等，最後將紫蘇花穗和山葵泥擺放在食材上。

藤壺高湯椀物〔ubuka〕
↓158頁

材料

- 嫩豆腐……適量
- 藤壺高湯（參照 p.156）…適量
- 藤壺肉（按照 p.156 的作法，熬製過高湯的藤壺肉）……適量
- 青蔥（切蔥花）……適量
- 蘘荷（切小口大小）……適量
- 生薑（切成薑絲）……適量

1 豆腐放入蒸鍋中加熱，盛入湯碗中，倒入溫熱的藤壺高湯（若鹹味不夠，可再適量加入鹽）。

2 豆腐上擺放藤壺肉、青蔥、蘘荷、生薑。

高湯索引

店家資訊

〔日本料理　晴山〕
山本晴彥

日本料理　晴山
東京都港區三田 2-17-29
クランデ三田 B1F
TEL：03-3451-8320

〔虎白〕
小泉瑚佑慈

虎白
東京都新宿區神樂坂 3-4
TEL：03-5225-0807

〔多仁本〕
谷本征治

多仁本
東京都新宿區荒木町 3-21 宮內ビル 2F
TEL：03-6380-5797

〔TENOSHIMA〕
林亮平

TENOSHIMA
東京都港區南青山 1-3-21
1-55 ビル 2 樓
TEL：03-6316-2150

〔木山〕
木山義朗

木山
京都府京都市中京區堺町通
夷川上西側絹屋町 136
ヴェルトール御所 1F
TEL：075-256-4460

〔日本料理　翠〕
大屋友和

翠
大阪府大阪市中央區
東心齋橋 1-16-20
心齋橋ステージア 2F
TEL：06-6214-4567

〔Ubuka〕
加藤邦彥

Ubuka
東京都新宿區荒木町 2-14
アイエス 2 ビル 1F
TEL：03-3356-7270

〔Sublime〕
加藤順一

Sublime
東京都港區東麻布 3-3-9
アネックス麻布十番 1F
TEL：03-5570-9888

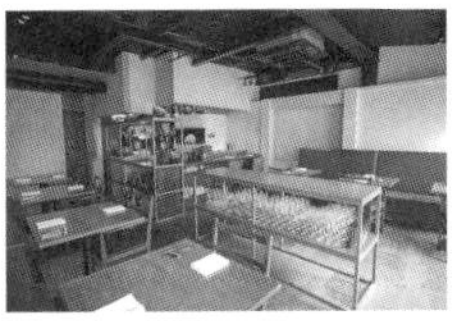

〔Don Bravo〕
平雅一

Don Bravo
東京都調布市國領町 3-6-43
TEL：042-482-737

生活樹 生活樹系列 098

日本名廚高湯研究全書

作　　　者　柴田書店 編著
譯　　　者　林香吟
封 面 設 計　張天薪
版 型 設 計　theBAND・變設計— Ada
內 文 排 版　許貴華
行 銷 企 劃　蔡雨庭
出版一部總編輯　紀欣怡

出 版 者　采實文化事業股份有限公司
業 務 發 行　張世明・林踏欣・林坤蓉・王貞玉
國 際 版 權　鄒欣穎・施維真
印 務 採 購　曾玉霞
會 計 行 政　李韶婉・許俽瑀・張婕莛
法 律 顧 問　第一國際法律事務所　余淑杏律師
電 子 信 箱　acme@acmebook.com.tw
采 實 官 網　www.acmebook.com.tw
采 實 臉 書　www.facebook.com/acmebook01

I S B N　978-626-349-036-9
定　　價　750 元
初 版 一 刷　2022 年 11 月
劃 撥 帳 號　50148859
劃 撥 戶 名　采實文化事業股份有限公司
104 台北市中山區南京東路二段 95 號 9 樓
電話：(02)2511-9798　傳真：(02)2571-3298

國家圖書館出版品預行編目資料

日本名廚高湯研究全書 / 柴田書店編 ; 林香吟譯 . -- 初版 . -- 臺北市 : 采實文化事業股份有限公司 , 2022.11
216 面 ; 26×19 公分 . -- (生活樹 ; 98)
ISBN 978-626-349-036-9(平裝)
1.CST: 食譜 2.CST: 湯
427.1　111016038

DASHI NO KENKYU